21 世 纪 高 等 学 校 规 划 教 材

微机原理与接口技术
实验教程

张西学 主编 陆强 王红梅 副主编
赵学良 田娟 张春玲 杜海涛 尚宪刚 李新约 参编

21st Century University
Planned Textbooks

人 民 邮 电 出 版 社
北 京

图书在版编目（CIP）数据

微机原理与接口技术实验教程 / 张西学主编. -- 北
京：人民邮电出版社，2012.9
    21世纪高等学校规划教材
    ISBN 978-7-115-28450-1

    Ⅰ. ①微… Ⅱ. ①张… Ⅲ. ①微型计算机－理论－高
等学校－教材②微型计算机－接口技术－高等学校－教材
    Ⅳ. ①TP36

中国版本图书馆CIP数据核字(2012)第156178号

内 容 提 要

　　本书是配合微机原理与接口技术课程而编写的实验指导和习题解答书，分成两大部分。第一部分为实验指导，包括两部分：前一部分为汇编语言程序设计，包括程序设计中的各种典型问题；另一部分包括在 Dais 实验平台上开发的各种接口芯片独立和组合的实验。第二部分为习题解答，包括程序设计习题和硬件设计习题。

　　本书具有较强的实用性，可作为高等院校计算机、电子信息、生物医学工程、医学影像和自动化等专业微机原理与接口技术课程的实验和习题教材，也可供广大工程技术人员参考。

21 世纪高等学校规划教材

微机原理与接口技术实验教程

◆ 主　　编　张西学
　　副主编　陆　强　王红梅
　　参　　编　赵学良　田　娟　张春玲　杜海涛　尚宪刚　李新约
　　责任编辑　董　楠

◆ 人民邮电出版社出版发行　　北京市崇文区夕照寺街 14 号
　　邮编　100061　　电子邮件　315@ptpress.com.cn
　　网址　http://www.ptpress.com.cn
　　北京天宇星印刷厂印刷

◆ 开本：787×1092　1/16
　　印张：7.25　　　　　　　　　2012 年 9 月第 1 版
　　字数：186 千字　　　　　　　2012 年 9 月北京第 1 次印刷

ISBN 978-7-115-28450-1

定价：18.80 元

读者服务热线：(010)67170985　印装质量热线：(010)67129223
反盗版热线：(010)67171154

前 言

目前，在我国高等院校的电子信息、生物医学工程、医学影像、自动化、电气控制和智能仪表等专业，均开设了"微机原理与接口技术"课程。这是一门理论性、实践性和综合性都很强的学科，也是一门计算机软硬件有机结合的课程。同学们在学习过程中发现课程习题少，有些问题不能在课下深刻理解，为了解决这些问题，我们编写了这本书。

本书融入了一线教师多年理论教学和实验教学的经验。在教材编写过程中，始终将理论和实验有机结合，从汇编语言编程、硬件系统设计以及软硬件结合，逐步扩展功能，从小到大，从简单到复杂，给读者提供了一种系统、完整的学习思路。

本书前半部分为实验指导，包括汇编语言程序设计实验，硬件接口实验和综合实验；后半部分为习题部分，从实际教学出发，针对每一个知识点编撰了习题，习题覆盖了"微机原理与接口技术"课程的全部知识点，能帮助初学者尽快入门，使有一定基础者熟练深化。

本书由张西学教授主编。王红梅、田娟和张春玲编写了第 1 章到第 3 章，以及第 5 章的第 5.1 节、第 5.2 节；陆强、赵学良、杜海涛、尚宪刚和李新约编写了第 4 章，以及第 5 章的第 5.3 节到第 5.6 节。全书由张西学教授统稿。

由于编者水平有限，书中难免有错误和不妥之处，恳请读者批评指正。

编 者

2012 年 5 月

目　录

第1章 系统概述

1.1 系统组成

Dais 系列单片机微机仿真实验系统的 8088/8086 微机接口实验由管理 CPU、目标 CPU 8088 单元和通用电路、接口实验电路及稳压电源组成，通过 RS232C 串行接口与 PC 微机相连，系统硬件主要内容如表 1-1 所列。

表 1-1   系统硬件

CPU	管理 CPU 、目标 CPU 准 16 位 8088
系统存储器	监控管理程序在管理 CPU 的 FLASH 中、由 RAM 器件 61256 二片构成最小系统（寻址范围 64K）、BPRAM61256（32K）
接口芯片及单元实验	8251、8253、8255、8259、8237、ADC0809、DAC0832、164、273、244、393 分频、电子发声单元，电机控制单元，开关及发光二极管、单脉冲触发器、继电器控制、16×16 点阵、2×16LCD 及 PCI 桥接单元等
外设接口	打印接口、RS232C 串口、D/A 驱动接口、步进电机驱动接口、音频驱动接口、ISA 总线接口
显示器	6 位 LED、二路双踪示波器
键盘	32 键自定义键盘
EPROM 编程	对 EPROM 2764/27128 快速读出
系统电源	+5V/2A，±12V/0.5A

1.2 系统功能与特点

（1）自带键盘、显示器，能独立运行，也可以 PC 微机为操作平台。两种工作方式任意选择，全面支持"微机原理与接口"、"微机控制应用"等课程的实验教学。

（2）系统采用紧耦合多 CPU 技术，用 STC89C58 作为系统管理 CPU，8088 作为目标机微机接口实验 CPU。

（3）目标 CPU8088 采用主频为 14.3818MHz，系统以最小工作方式构成。

（4）配有 1 片 6116 构成系统的 4K 基本 BIOS，另配 2 片 61C256（64K）作为实验程序与数据空间，地址从 0000：0000H～0FFFFH（其中 003FFH 作为目标机中断向量区），还配一片 61C256（32K）作为用户设置的断点区（BPRAM）。

（5）实验项目完整丰富，与课程教学紧密结合，同时配有步进电机、直流电机、音响等实验对象，可支持控制应用类综合实验。

（6）系统接口实验电路为单元电路方式，电路简捷明快，采用扁平线、排线、双头实验导线相结合的办法，进一步简化了实验电路连接环节，既减轻了繁琐的连线工作，又提高了学生的实验工作能力。

（7）通过 RS232 通信接口，在 Windows 集成软件的支持下，利用上位机丰富的软件硬件资源，实现用户程序的编辑、编译、调试运行，提高实验效率。

（8）具有最丰富的调试手段，系统全面支持硬件断点，可无限制设置断点，同时具有单步、宏单步、连续运行及无限制暂停等功能。

（9）选配 Dais-PCI 总线适配卡，可实现 PC 与实验系统的链接，支持实模式、保护模式下的 I/O 设备、存储器及中断访问，支持汇编语言及高级语言编程。

1.3　系统资源分配

实验系统寻址范围定义如表 1-2 所列。

表 1-2　　　　　　　　　　　　　　　　实验系统寻址范围

系统数据区	F000：0000～00FFH
系统堆栈区	F000：0100～01FFH
系统程序区	F000：0200～07FFH
用户程序区 用户数据区	0000：1000～7FFFH
用户堆栈区	0000：0600～0400H
中断向量区	0000：0000～03FFH

系统已定义的 I/O 地址如表 1-3 所列。

表 1-3　　　　　　　　　　　　　　　　系统定义的 I/O 地址

接口芯片	口地址	用途
74LS273	FFDDH	字位口
74LS273	FFDCH	字形口
74LS245	FFDEH	键入口
8255A 口	FFD8H	EP 总线

续表

接口芯片	口地址	用途
8255B 口	FFD9H	EP 地址
8255C 口	FFDAH	EP 控制
8255 控制口	FFDBH	控制字

1.4　硬件安装

（1）电源连接：通过随机所配的三芯电源线接入 AC220V 电网。

（2）打开电源开关系统应显示闪动的"P."，否则应按下 RESET 键，如仍不显示闪动的"P."，应立即切断电源，检查后重新进行以上操作。

（3）系统功能自检。

在闪动的"P."状态下按键：[MOVE]→1000→[STEP]→[EXEC]，系统以连续方式运行"8"字循环右移程序，若 6 位 LED 出现跑"8"显示，说明系统已进入正常工作状态，可按 RESET 键返回"P."待令。

1.5　快捷使用

1．Windows 环境

（1）在桌面上单击图标，然后选择与实验系统所插串口一致的选项，单击"确定"进入 Dais 集成调试环境。

（2）单击工具条中"　"图标，在打开对话框中双击"LED88.asm"文件，进入实验源程序的编辑窗口。

（3）单击工具条中"！"图标，进行源文件的编译、装载，在出现编译成功的对话框后单击"OK"框自动进入源文件调试状态。

（4）在工具条中单击所需的运行方式："{ }"单步、"0"宏单步、"　"运行。

（5）若需要以断点方式运行，可直接单击源语句行前的"　"图标来完成所需断点的设置与清除，然后再单击"　"图标进入断点运行状态。

（6）系统一旦进入运行状态后，若需终止该程序的运行请单击"　"图标退出当前操作返回待令状态。

2．LED 环境

（1）在"P."状态下按"0→EV/UN"，装载实验所需的代码程序。

（2）在"P."状态下键入实验项目所需的程序入口地址，然后按"STEP"或"EXEC"进入实验项目的调试与运行。

（3）若需要以断点方式运行，请在"P."状态下键入断点地址，然后按"SRB"键确认，再键入实验程序入口地址按"EXEC"进入实验项目的断点运行。

（4）系统一旦进入运行状态后，若需终止该程序的运行请按"STOP"，退出当前操作返回待令状态。

1.6　键盘显示

（1）系统配备 6 位 LED 显示器，左边 4 位显示地址，右边 2 位显示该地址内容。

（2）系统具有一个 4×8 键盘，左边 16 个是数字键，右边 16 个是功能键。

在键盘监控状态下用户可以通过一组键命令完成下列操作：

- 读写寄存器内容。
- 读写存储器内容。
- 读写 EPROM 内容。
- 数据块移动。
- I/O 端口读写。
- 断点设置与清除。
- 通过单步断点连续等功能来调试运行实验程序。

1.7　初始化状态

8088 十六位微机实验系统上电总清（或按复位键）以后，显示器上显示监控提示符　"P."，各寄存器的初始化值如下：

SP=0600H，CS=0000H，DS=0000H，SS=0000H，ES=0000H，
IP=1000H，FL=0000H。

注意：

- 所有命令均在提示符 "P." 状态输入。
- 在键盘监控状态，用户段地址为 0000H。

1.8　监控程序命令及操作

寄存器内容显示修改操作如下。

操作①：在 "P." 提示符下，直接按 REG 键，可依次循环显示或修改 PC 值（IP）、PSW 值（FL 值）、SP 值。

操作②：在 "P." 提示符下，先输入寄存器代号，再按 REG 键，显示器左边 2 位显示寄存器名，右边 4 位显示该寄存器内容。此时：

- 按 NX 键，则依次循环上下一个寄存器中的内容。
- 按 LS 键，则依次循环上一个寄存器中的内容。
- 输入十六进制数字，则该寄存器中的内容被修改。

1.9 8088/8086 系列微机实验指导

本书前半部分实验内容是按照《微机原理与接口技术》课程编写的；该指导书中详细叙述了各实验目的、实验内容、实验原理图、程序框图，减轻了主讲教师和实验辅导老师为设计、准备调试实验线路和实验程序所需的工作量。

（1）实验指导书中所列的实验程序已经固化在监控管理 CPU 中，在 "P." 状态下，按 "0" →再按 "EV/UN"，即可完成实验程序的装载。因实验程序中采用子程序形式较多，要互相调用，可以通过系统自带的键盘输入各种命令运行系统 RAM 中的实验程序，显示实验结果，完成各个实验项目。

在与 PC 机联机状态，可将各个实验程序进行编译、连接，并下载到实验系统 RAM 中利用系统操作命令完成各实验。

（2）所有实验都是相互独立的，次序上也没有固定的先后关系，在使用本书进行教学时，教师可根据贵校（院）的教学要求，选择相应实验。

（3）对同一问题的解决办法往往不是唯一的，欢迎读者在使用本书过程中提出更加优秀的实验方案，指出错误和不足，以便及时修改。

（4）每个实验程序的序号和实验名称见表 1-4 和表 1-5。

表 1-4　　　　　　　　　　软件部分实验

实验序号	软件实验名称
实验一	清零实验
实验二	拆字程序
实验三	拼字实验
实验四	二进制加法实验
实验五	数据区的移动
实验六	查找相同数个数实验
实验七	数据的排序实验
实验八	循环结构程序设计 1
实验九	循环结构程序设计 2
实验十	分支结构程序设计 1
实验十一	分支结构程序设计 2
实验十二	分支结构程序设计 3

表 1-5　　　　　　　　　　硬件部分实验

实验序号	硬件实验名称
实验一	简单 I/O 口扩展
实验二	8255 并行口实验
实验三	定时/计数器 8253
实验四	8259 单级中断控制器实验
实验五	8251 串口实验：自发自收

实验序号	硬件实验名称
实验六	A/D 转换实验
实验七	D/A 转换实验：方波
实验八	8237 控制器实验
实验九	16×16 点阵显示实验
实验十	8255 控制交通灯
综合设计实验一	通过继电器实现的报警器
综合设计实验二	步进电机控制
综合设计实验三	定时中断控制指示灯

第2章
软件程序调试

2.1 建立汇编语言的工作环境

（1）编辑程序，文件名 EDIT.COM
（2）汇编程序，文件名 MASM.EXE
（3）连接程序，文件名 LINK.EXE
（4）调试程序，文件名 DEBUG.EXE

2.2 汇编语言上机操作过程

用汇编语言编写的源程序，使之运行必须经过以下几个步骤：

（1）用编辑程序建立一个扩展名为.ASM 的汇编语言源程序文件。一般用 EDIT 或者记事本来建立。

注意：保存文件时一定要输入扩展名.ASM，如图 2-1 所示。一定要严格按照汇编语言书写格式及段结构的格式来编写程序。

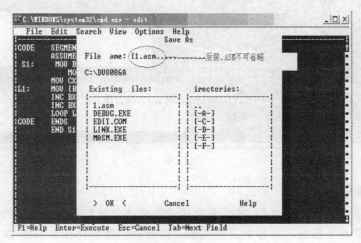

图 2-1

（2）调用 MASM 汇编程序。汇编的过程就是将汇编语言源程序转换成机器能够识别的目标代码程序，即 OBJ 的二进制文件。

注意：在汇编过程中，若发现有错，必须重新回到 EDIT 状态下将错误改正，直到没有错误为止，如图 2-2 所示。

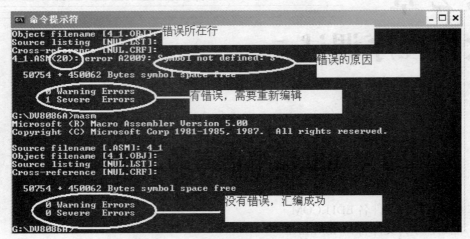

图 2-2

（3）连接（LINK）目标文件。所谓连接是用连接程序 LINK.EXE 把若干个经汇编后产生的.OBJ 文件及指定的文件连接起来，生成可执行文件，扩展名为.EXE。

注意：连接时，可以直接输入目标文件的名字如：LINK 1.OBJ，也可只输入 LINK，然后按照提示输入文件名。若有错，就要直接修改源文件，重新汇编、连接直至无错。若用户直接使用系统堆栈，可不理会"NO STACK SEGMENT"的警告提示，如图 2-3 所示。

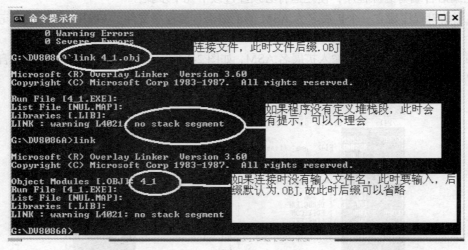

图 2-3

（4）运行可执行文件。

注：生成可执行文件后，可在 DOS 下直接键入文件名运行程序。可执行文件就会装入内存并从程序起始的地址运行。程序如正确无误，执行完后控制将正常返回 DOS 操作系统。若

运行结果在存储单元里，或发现程序运行错误，或想跟踪程序的执行，那么就需要用 DEBUG 程序。

（5）DEBUG 程序的用法，如图 2-4 所示。

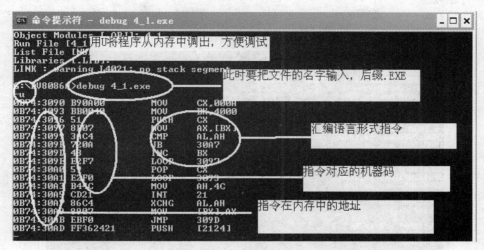

图 2-4

2.3　DEBUG 调试命令

1．DEBUG 的定义

（1）DEBUG 是专门为汇编语言设计的调试工具。

（2）可以检查、修改存储单元和寄存器的内容。

（3）可以装入、存储及运行目标程序。

（4）也可以用 DEBUG 汇编简单的汇编语言程序。

（5）一般人们更多的是用它作为调试工具。

2．DEBUG 启动时的初始化动作

（1）段寄存器 CS、DS、ES、SS 设置为 DEBUG 程序后的第一个段。

（2）指令指针寄存器 IP 置为 100H。

（3）堆栈指针 SP 置为堆栈段的段末。

（4）其余通用寄存器均置为 0，标志寄存器置为下述状态：

NV　UP　EI　PL　NE　NA　PO　NC

3．规定

（1）DEBUG 命令都是一个英文字母，后面跟着若干个参数，用"，"隔开。

（2）DEBUG 命令必须紧跟着 Enter 键命令才有效。

（3）参数中不论是地址还是数据，均用十六进制表示，但后面不要用 H。

（4）可以用 Ctrl+Break 来停止一个命令的执行，返回到 DEBUG 的提示符"－"。

4．常用的 DEBUG 命令

（1）汇编命令 A：该命令提供了在 DEBUG 方式下输入和汇编源程序的手段，如图 2-5 所示。

格式：

A   [段寄存器名]：[偏移地址]

A   [段地址]：[偏移地址]

A   [偏移地址]

A

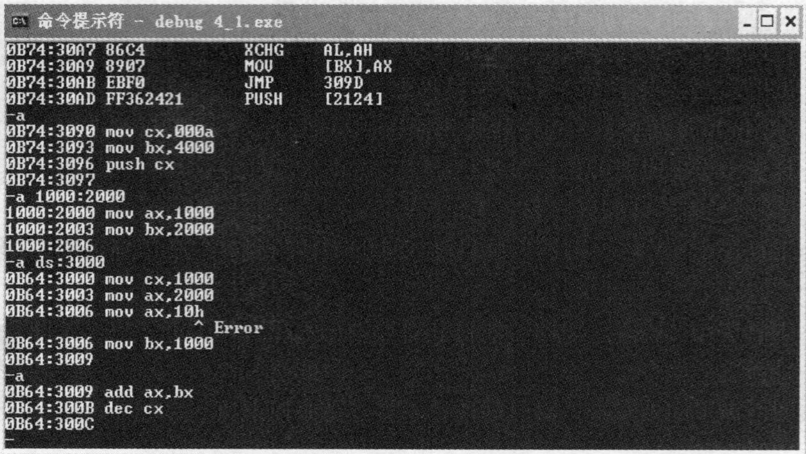

图 2-5

（2）显示内存命令 D。

格式：

D   [地址]

显示从指定地址的 128 个单元的内容。

D   [地址范围]

显示指定地址范围的内容。

D

若命令中没有指定地址，则从上次 D 命令所显示的最后一个单元开始，若以前没有使用过 D 命令，则从 DEBUG 初始化的 DS 段，加上偏移地址 0100H 作为起始地址。

如图 2-6 所示。

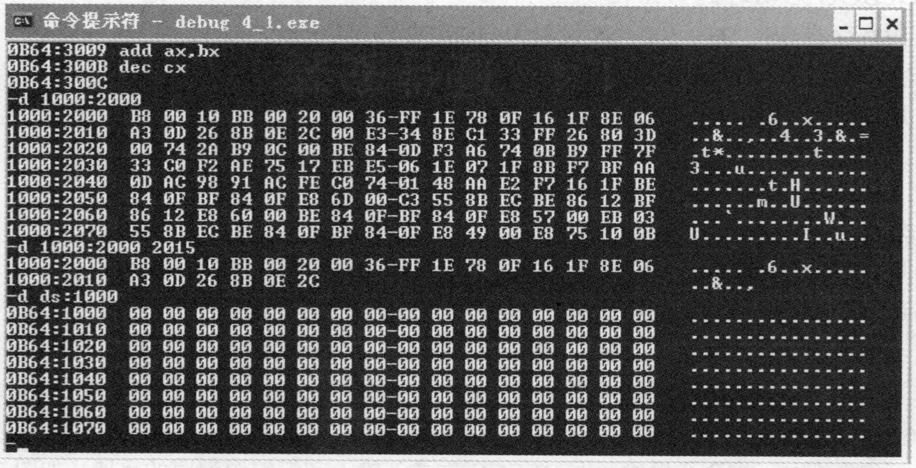

图 2-6

（3）修改存储单元命令 E。

格式：

E　[地址][内容表]：用内容表当中的数代替指定单元的内容，用命令给定的内容去代替指定范围内的内存单元的内容。

如图 2-7 所示。

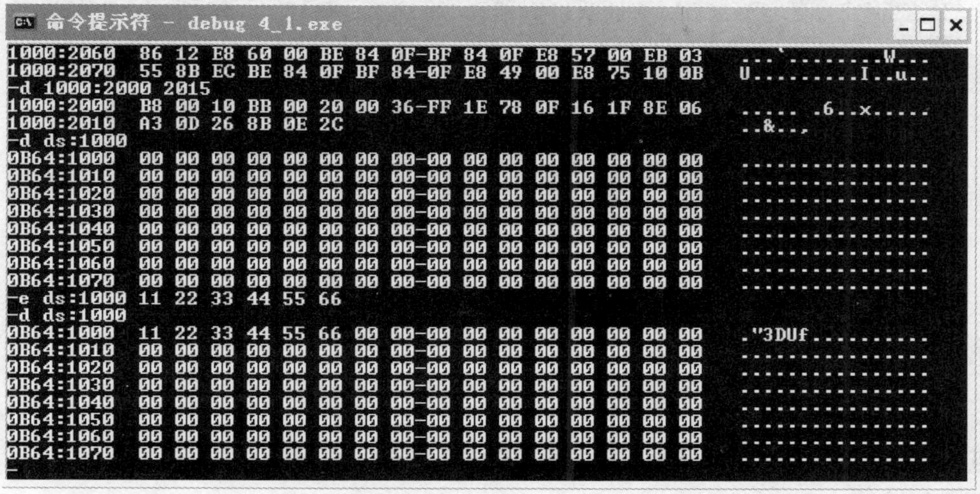

图 2-7

E　[地址]：一个一个单元的连续修改。

一个单元一个单元的修改内存的内容。修改后可按空格键显示下一个单元的内容，利用空格键可修改连续的内存单元的内容，用回车键结束该命令，如图 2-8 所示。

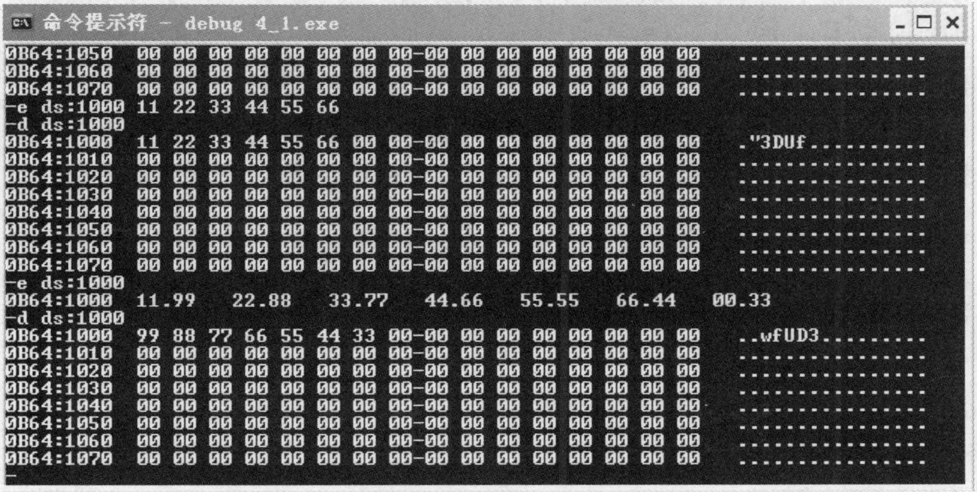

图 2-8

（4）显示寄存器的内容命令 R。

格式：

R：显示所有内部寄存器的内容和标志寄存器的状态。

实验八　循环结构程序设计一

1. 实验目的
掌握循环程序设计的方法。

2. 实验内容
有一个 100 个字节的数据表，存放在数据段中，首地址为 TAB，表内各数已按升序排列好。

要求：今给定一个关键字，试编程从表内查找该关键字。若有，则结束；若无，将该关键字插入表中，并修改表长（表长在 LTH 中）。

3. 方案设计（算法设计）
题目前提一给定，从有序数表中查找数据。若有，则结束；若无，将该关键字插入表中，并修改表长。设计时先进行查找，找到退出，找不到时要分别考虑各插入位置，即表头、表尾、表中间 3 种情况。在此情况下，可将表头插入与表中插入作一类，表尾插入作一类。

首先判断给定关键字是否大于表尾数据，若大于，则在表尾插入数据，并修改表长，退出程序。反之则开始判断是否在表中，若在，则退出程序，否则不在表中，则应开始找插入位置，寻找过程中还要将插入位置及其以后的数据有序后移，找到位置后插入数据，修改表长，结束程序。

4. 程序流程图（见图 3-9）

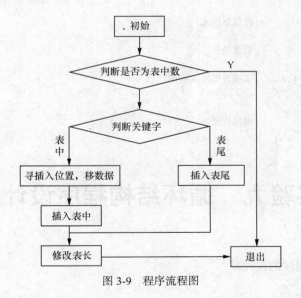

图 3-9　程序流程图

5. 源程序
```
DATA SEGMENT
  LEN DB 36
  DATA1 DB 100
  TAB DB 01,01,02,03,04,05,06,07,08,09,10,11,12,13,14
      DB 15,16,17,18,19,20,21,22,23,24,25,26,27,28,29
      DB 30,31,32,33,34,35,37,37,38,39,40,41,42,43,44
      DB 45,46,47,48,49,50,51,52,53,54,55,56,57,58,59
      DB 60,61,62,63,64,65,66,67,68,69,70,71,72,73,74
```

```
        DB  75,76,77,78,79,80,81,82,83,84,85,86,87,88
        DB  89,90,91,92,93,94,95,96,97,98,99
DATA ENDS
CODE SEGMENT
    ASSUME CS:CODE,DS:DATA
START: MOV AX,DATA
    MOV DS,AX
    MOV BX,99           ;初步设定 BX 的外部循环的次数
    MOV SI,0            ;将 SI 指向段的头
    MOV AL,DATA1
    CMP AL,TAB[99]
    JA  L4              ;将数据与表尾数据比较，
                        ;若大于表尾数据，则转表尾插入

L1: INC SI
    CMP TAB[SI-1],AL    ;比较
    JZ  L2              ;若比较发现相等 ZF=1,就表示匹配并退出
    JA  L3              ;若比较后发现大于表尾数据时，转至 L3,实现插入功能
    JMP L1
L3: DEC SI
    CMP BX,SI           ;将表尾标号与插入位置标号比较
    JAE L5              ;若大于或等于，转 L5,寻插入位置
L5: MOV AL,TAB[BX]
    MOV TAB[BX+1],AL
    DEC BX
CMP BX,SI               ;将插入位置及其后各数顺次后移一位，
                        ;直到找到插入位置

    JA    L5
    MOV AL,DATA1
    MOV TAB[SI],AL      ;将数据插入
    JMP   L6
L6: INC LEN             ;修改表长
    JMP L2
L4: MOV  TAB[100],AL    ;实现表尾插入数据
    JMP   L6
L2: MOV AH,4CH
    INT 21H             ;退出程序
CODE ENDS
END START
```

实验九　　循环结构程序设计二

1．实验目的

再次加深对循环程序的设计。

2．实验内容

设计表长未知的查表程序。

假设以变量名 TABLE 为首地址的内存区内有一个学生成绩登记表，表中每个登记项为两个字节，第一个字节为学生的学号，第二个字节为学生的成绩。表的最后一项为"全 1"，作为该表的结束标志。现在假定变量 KEY 中存有关键字 A，用此关键字和学生的学号比较，若相同，则登记学生的成绩于变量 KEY 中，否则将 KEY 置成"全 1"作为没有查到的标志。

3．实验要求

用汇编语言编写程序实现以下功能：运行程序，键盘输入一个 KEY 值，根据输入的关键字 KEY，查找对应的成绩，如果输入的 KEY 值和学号匹配，将对应的学号成绩赋给 KEY 值，如果找不到匹配的结果，则将"全1"赋给 KEY。

4．方案设计（算法设计）

（1）定义一个表 Table，表中每个数据为 DW 型，第一个字节为学号，第二个字节为成绩，表的结束为 0FFFFH，表示结束。定义一个 DB 型的 N，存放表的长度，再为关键字 KEY 定义为一个 DB 型变量。

（2）表长 N 赋给 CX，使指针 SI 指向表首的下一位(即学号)，KEY 的值传给 BL，依次比较 SI 和 BL 中的值，如果相等，则把[SI－1]中的值传给 KEY；如果不相等，移动 SI 至下一记录学号位置，并使 CX－1，再进行比较，如果直到 CX=0，仍没有匹配结果，则把 0FFH 赋给 KEY。

（3）运行调试程序，查看内存中的结果。

5．程序流程图（见图 3-10）

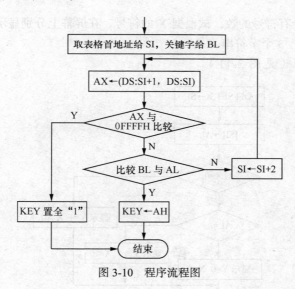

图 3-10　程序流程图

6．源程序

```
DATA  SEGMENT
TABLE DW 7801H,9802H,8903H,8204H,9005H,0FFFFH
KEY   DB 0AH                  ;查找学号为A的学生的成绩
DATA ENDS
CODE  SEGMENT
      ASSUME CS:CODE,DS:DATA
START:MOV AX,DATA
      MOV DS,AX
      MOV SI,OFFSET TABLE      ;取数据序列首指针
      MOV BL,KEY
AA1:  MOV AX,[SI]              ;AX←(DS:SI+1,DS:SI)
      CMP AX,0FFFFH
      JZ  COM                  ;若为表尾，转COM
      CMP BL,AL
      JZ  AA2                  ;找到匹配学号，转AA2
```

```
        INC SI                          ;调整指针
        INC SI                          ;调整指针
        JMP AA1
AA2:  MOV KEY,AH                        ;将成绩存入 KEY 中
        MOV AH,4CH
        INT 21H
COM:  MOV KEY,0FFH                      ;未找到，KEY 置全"1"
        MOV AH,4CH
        INT 21H
CODE      ENDS
        END START
```

实验十　分支结构程序设计一

1. 实验目的

练习汇编语言程序设计方法，编写分支程序实验程序。

2. 实验内容

设在 X 单元有一个有符号的数，试根据 X 的符号，在屏幕上分别显示"Y=0　X=0"、"Y=1　X>0"、"Y= - 1　　X<0" 3 个字符串。

3. 实验参考流程（见图 3-11）

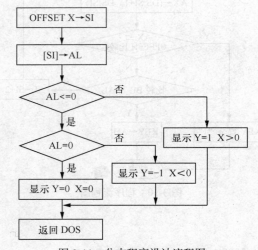

图 3-11　分支程序设计流程图

附源程序：

```
DATA SEGMENT
A DB 43H
B DB 9aH
C DB 'Y=1  X>0$'
D DB 'Y=0  X=0$'
E DB 'Y=-1  X<0$'
DATA ENDS
CODE SEGMENT
    ASSUME CS:CODE,DS:DATA
START:MOV AX,DATA
        MOV DS,AX
        MOV AL,A
```

```
        CMP B,AL
        JGE F
        MOV DX,OFFSET C
        MOV AH,9
        INT 21H
        JMP H
    F:  JE G
        MOV DX,OFFSET E
        MOV AH,9
        INT 21H
        JMP H
    G:  MOV DX,OFFSET D
        MOV AH,9
        INT 21H
    H:  MOV AH,4CH
        INT 21H
CODE ENDS
END START
```

实验十一　　分支结构程序设计二

1．实验目的

掌握分支程序的设计方法。

2．实验内容

计算 $Y = \sum_{i=1}^{5} A_i\,(i=1,2,3,4,5)$ ，设和值不大于 2 个字节。

3．实验要求

用汇编语言编写程序实现以下功能：输入 5 个数，用循环方式计算累加和，以字节形式存放。

4．方案设计（算法设计）

用 CX 计数，采用循环方式进行累加。

5．源程序

```
DATA SEGMENT
BUFFER DB 01H,02H,03H,04H,05H  ;进行累加的数值
D DB 2 DUP(?)                   ;输出结果以两个字节存放在 D 中
DATA ENDS
CODE SEGMENT
    ASSUME CS:CODE,DS:DATA
START: MOV AX,DATA
       MOV DS,AX               ;将数据段数据传到 DS
       MOV CX,5
       MOV SI,OFFSET BUFFER    ;把 BUFFER 的偏移地址传给 SI
       CLC      ;CF 清零
       MOV AL,[SI]             ;把 SI 中的数值传给累加器 AL
SUM: ADC AL,[SI+1]             ;将 AL 中的数值与 SI+1 中的数值相加
NEXT: INC SI
       LOOP SUM                ;循环
       MOV D,AL                ;把结果保存在 D 中
       MOV AL,0                ;显示 CF
       ADC AL,0
       MOV D+1,AL
```

```
OTHER:MOV AH,4CH
     INT 21H
CODE ENDS
END START
```

6. 程序流程图（见图 3-12）

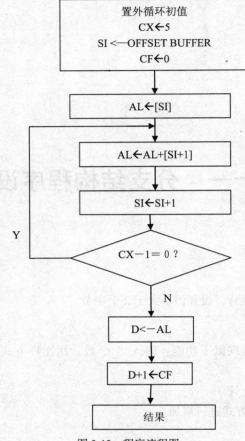

图 3-12　程序流程图

实验十二　分支结构程序设计三

1. 实验目的

再次加深分支程序设计的方法。

2. 实验内容

用查表法将一位十六进制数转换成相应的 ASCII 码。

3. 实验要求

在 Table 内存单元起有数符 0-F 的 ASCII 码表。

在 SIXTEEN 单元任给一个小于或等于 15 的整数，求其 ASCII 码值。

4．方案设计（算法设计）

因为 ASCII 码表已顺序放在内存中，又已知首地址为 TABLE，只要把给定单元的内容作位移量与表首址相加，就指向了表中要求的地址，取其内容即为该数的 ASCII 值。

5．源程序

```
 DATA SEGMENT
TABLE    DB 30H,31H,32H,33H,34H,35H,36H,37H,38H,39H
         DB 41H,42H,43H,44H,45H,46H
SIXTEEN  DB 15
DATA ENDS
CODE SEGMENT
    ASSUME CS:CODE,DS:DATA
START:MOV AX,DATA              ;建立寄存器和数据段间关系
    MOV DS,AX
    MOV BL,SIXTEEN            ;取给定单元中值
    MOV BH,0                 ;BX 高八位清零
    MOV SI,OFFSET TABLE      ;取 ASCII 码表首地址指针,SI=0000H
    MOV AL,[SI+BX]           ;取给定数作位移量所对应地址的内容
    MOV SIXTEEN,AL           ;存回原单元
    MOV AH,4CH
    INT 21H
CODE ENDS
    END START
```

第4章
硬件实验部分

实验一　简单 I/O 口扩展

1. 实验目的

（1）掌握扩展简单 I/O 口的方法。

（2）掌握数据输入输出程序的编制方法。

2. 实验内容

利用 74LS244 作为输入口，读取开关状态，并将此状态，通过 74LS273 再驱动发光二极管显示出来。

3. 程序流程图（见图 4-1）

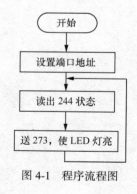

图 4-1　程序流程图

4. 实验电路示意图

5. 编程提示

芯片介绍：

74LS244 为数据输入缓存器，单向传输；74LS273 数据输出锁存器，单向传输。

6. 实验步骤

（1）实验连线。

① 连接 138 译码输入端 A、B、C，其中 A 连 A2，B 连 A3，C 连 A4，138 使能控制输入端 G 与总线单元上方的 GS 相连，74LS244 的输入端 PI0 ~ PI7 接 K1~K8，74LS273 的输出端接 L1 ~ L8。Y0 接 32 门的 1，Y1 接 32 门的 4。

② 用 8 芯扁平电缆将 74LS244 和 74LS273 的数据总线插座与数据总线单元任一插座相连。

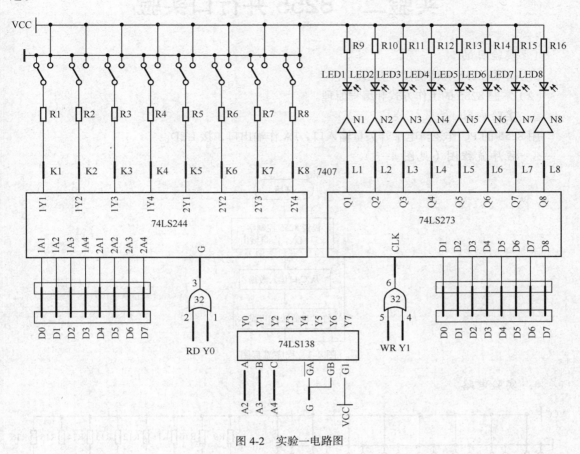

图 4-2　实验一电路图

（2）PC 环境。

在与 PC 联机状态下，编译、连接、下载，用连续方式运行程序。

（3）观察运行结果。

在连续运行下，按动 K1 ~ K8，观察 L1 ~ L8 是否对应点亮。

附源程序：

```
CODE    SEGMENT
        ASSUME CS:CODE
        ORG 3380H              ;273,244
PIO1    EQU 0FFE0H
PIO2    EQU 0FFE4H
P4:     MOV DX,PIO1           ;从 244 端口读入开关状态
        IN AL,DX
        MOV DX,PIO2           ;从 273 端口输出相应的 0
        OUT DX,AL
        JMP P4
CODE    ENDS
        END P4
```

实验二　8255 并行口实验

1. 实验目的

（1）掌握 8255 和微机接口方法。

（2）掌握 8255 的工作方式和编程原理。

2. 实验内容

用 8255 的 PC 作逻辑电平开关量输入口，PA 作输出口，接 LED。

3. 程序流程图（见图 4-3）

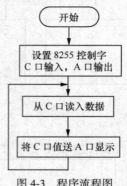

图 4-3　程序流程图

4. 实验电路

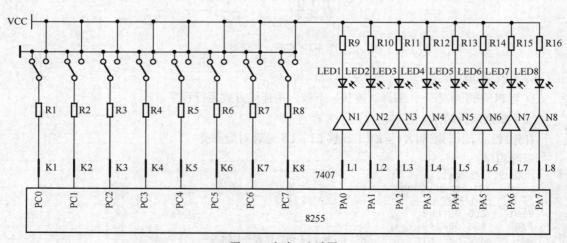

图 4-4　实验二电路图

5. 编程提示

8255 可编程外围接口芯片是 Intel 公司生产的通用并行接口芯片，它具有 A、B、C 三个并行接口，用+5V 电源供电，能在以下 3 种方式下工作。

方式 0：基本输入／输出方式。

方式 1：选通输入／输出方式。

方式 2：双向选通工作方式。

使 8255 端口 C 工作在方式 0 并作为输入口，读取 K1～K8 八个开关量，送 PA 口显示。PA 口工作在方式 0 作为输出口。

6. 实验步骤

（1）实验连线。

8255 PC 口接 K1～K8，PA 口接 L1～L8。

（2）PC 环境。

在与 PC 联机状态下，编译、连接、下载，用连续方式运行程序。

（3）观察运行结果。

在连续运行方式下，按 K1～K8，观察 L1～L8 发光二极管是否对应点亮。

附源程序：

```
CODE    SEGMENT
        ASSUME CS:CODE,DS:CODE,ES:CODE
        ORG 32E0H
PA      EQU 0FFD8H
PB      EQU 0FFD9H
PC      EQU 0FFDAH
PCTL    EQU 0FFDBH
H2:     MOV DX,PCTL
        MOV AL,89H
        OUT DX,AL
P2:     MOV DX,PC
        IN AL,DX
        MOV DX,PA
        OUT DX,AL
        JMP P2
CODE    ENDS
        END H2
```

实验三　定时／计数器 8253

1. 实验目的

（1）学会 8253 芯片和微机接口原理和方法。

（2）掌握 8253 定时器／计数器的工作方式和编程原理。

2. 实验内容

8253 的定时器 0 工作在方式 3，产生方波，使 LED 灯闪烁。

3. 程序流程图（见图 4-5）

4. 实验电路

5. 编程提示

（1）8253 芯片介绍。

8253 是一种可编程定时/计数器，有 3 个十六位计数器，其计数频率范围为 0～2MHz，用+5V 单电源供电。

（2）8253 的功能用途：

① 延时中断；

② 可编程频率发生器；

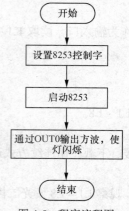

图 4-5　程序流程图

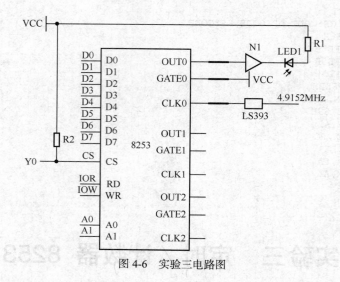

图 4-6　实验三电路图

③ 事件计数器；

④ 二进制倍频器；

⑤ 实时时钟；

⑥ 数字单稳；

⑦ 复杂的电机控制器；

（3）8253 的 6 种工作方式。

① 方式 0：计数结束中断；

② 方式 1：可编程频率发生；

③ 方式 2：频率发生器；

④ 方式 3：方波频率发生器；

⑤ 方式 4：软件触发的选通信号；

⑥ 方式 5：硬件触发的选通信号。

6．实验步骤

（1）实验连线。

① 连接 138 译码输入端 A、B、C，其中 A 连 A2，B 连 A3，C 连 A4，8253 CS 与译码单元

Y0 相连。

② GATE0 与 5V 相连，T/C 8253 的 CLK0 插孔接分频器 74LS393（左上方）的 T2 插孔，同时 OUT0 接 LED 灯，分频器的频率源为：4.9152MHz(已连好)。

（2）PC 环境。

在与 PC 联机状态下，编译、连接、下载，用连续方式运行程序。

（3）观察运行结果。

以连续方式运行程序，用示波器观察 OUT0 应有方波输出，并且 LED 灯闪烁。

附源程序：

```
CODE    SEGMENT
        ASSUME CS:CODE,DS:CODE,ES:CODE
        ORG 3490H
H9:     MOV DX,0FFE3H
        MOV AL,36H
        OUT DX,AL
        MOV DX,0FFE0H
        MOV AL,00H
        OUT DX,AL
        MOV AL,10H
        OUT DX,AL
        JMP $
CODE    ENDS
        END H9
```

实验四　8259 单级中断控制器实验

1. 实验目的

（1）掌握 8259 中断控制器的控制方式字的设置。

（2）掌握 8259 中断控制器的应用编程。

2. 实验内容

编制程序，利用 8259 芯片的 IR7 作为中断源，产生单一中断，系统显示中断号 "7"。

3. 程序流程图（见图 4-7、图 4-8）

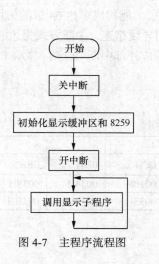

图 4-7　主程序流程图

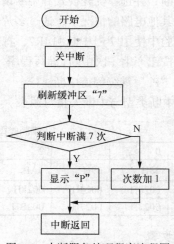

图 4-8　中断服务处理程序流程图

4. 实验电路

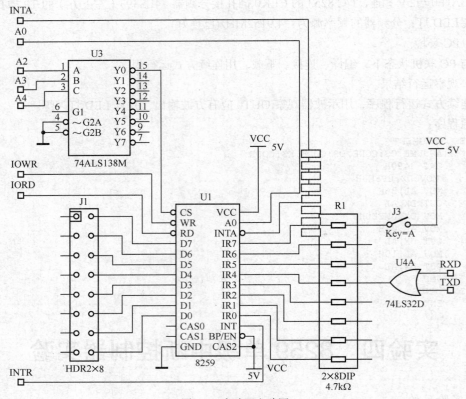

图 4-9   实验四电路图

5. 编程提示

（1）8259 芯片介绍 。

中断控制器 8259A 是专为控制优先级中断而设计的芯片。它将中断源优先级排队，辨别中断源以及提供中断矢量的电路集于一片中。因此无需附加任何电路，只需对 8259A 进行编程，就可以管理 8 级中断，并选择优先模式和中断请求方式，即中断结构可以由用户编程来设定。同时，在不需要增加其他电路的情况下，通过多片 8259A 的级联， 能构成多达 64 级的矢量中断系统。

（2）本实验中使用 7 号中断源 IR7，将按钮和 IR7 用导线相连，中断方式为边沿触发方式，每按二次 AN 按钮产生一次中断，编写程序，使系统每次响应外部中断 IR7 时，显示 1 个字符"7"，满 7 次后显示 "P." 继续等待中断。

表 4-1 为中断类型与中断矢量对照表。

表 4-1   中断类型与中断矢量对照表

IRi	0	1	2	3	4	5	6	7
中断类型码	08H	09H	0AH	0BH	0CH	0DH	0EH	0FH
中断矢量表	0020H	0024H	0028H	002CH	0030H	0034H	0038H	003C
	0023H	0027H	002BH	002FH	0033H	0037H	003BH	003F

6. 实验步骤

（1）按实验电路图连接线路。

① SP 插孔和 8259 的 7 号中断 IR7 插孔相连，SP 端初始为低电平。

② 8259 的 $\overline{CS}$ 端连 138 译码器的 Y0 孔。

（2）运行实验程序。

在系统处于命令提示符 "P." 状态下， 输入 3400，按 EXEC 键，系统显示 "P."。

（3）按 AN 按钮，每按 2 次，LED 数码管从最高位开始依次显示 1 个 "7"，按满 14 次后显示 "P." 继续等待中断。

（4）按复位键 RESET 返回 "P." 或按暂停键 STOP+MON 键返回 "P."。

附源程序：

```
CODE    SEGMENT
        ASSUME CS:CODE,DS:CODE,ES:CODE
        ORG 3400H
H8:     JMP P8259
ZXK     EQU 0FFDCH
ZWK     EQU 0FFDDH
LED     DB 0C0H,0F9H,0A4H,0B0H,99H,92H,82H,0F8H,80H,90H
        DB 88H,83H,0C6H,0A1H,86H,8EH,0FFH,0CH,0DEH,0F3H
BUF     DB 6 DUP(?)
Port0   EQU 0FFE0H
Port1   EQU 0FFE1H
P8259:  CLI
        CALL WP                ;初始化显示 "P."
        MOV AX,OFFSET INT8259
        MOV BX,003CH
        MOV [BX],AX
        MOV BX,003EH
        MOV AX,0000H
        MOV [BX],AX
        CALL FOR8259
        MOV SI,0000H
        STI
CON8:   CALL DIS
        JMP CON8
INT8259:CLI
        MOV BX,OFFSET BUF
        MOV BYTE PTR [BX+SI],07H
        INC SI
        CMP SI,0007H
        JZ X59
XX59:   MOV AL,20H
        MOV DX,PORT0
        OUT DX,AL
        MOV CX,0050H
XXX59:  PUSH CX
        CALL DIS
        POP CX
        LOOP XXX59
        POP CX
        MOV CX,3438H
        PUSH CX
        STI
        IRET
X59:    MOV SI,0000H
        CALL WP
        JMP XX59
FOR8259:MOV AL,13H
        MOV DX,Port0
        OUT DX,AL
        MOV AL,08H
```

```
              MOV DX,Port1
              OUT DX,AL
              MOV AL,09H
              OUT DX,AL
              MOV AL,7FH        ;IRQ7
              OUT DX,AL
              RET
WP:     MOV BUF,11H       ;初始化显示 "P."
              MOV BUF+1,10H
              MOV BUF+2,10H
              MOV BUF+3,10H
              MOV BUF+4,10H
              MOV BUF+5,10H
              RET
DIS:    MOV CL,20H
              MOV BX,OFFSET BUF
DIS1:   MOV AL,[BX]
              PUSH BX
              MOV BX,OFFSET LED
              XLAT
              POP BX
              MOV DX,ZXK
              OUT DX,AL
              MOV AL,CL
              MOV DX,ZWK
              OUT DX,AL
              PUSH CX
              MOV CX,0100H
DELAY:  LOOP $
              POP CX
              CMP CL,01H
              JZ EXIT
              INC BX
              SHR CL,1
              JMP DIS1
EXIT:   MOV AL,00H
              MOV DX,ZWK
              OUT DX,AL
              RET
CODE    ENDS
              END H8
```

实验五　8251 串口实验：自发自收

1．实验目的

（1）了解串行通信的实现方法。

（2）掌握 8251 芯片的工作方式和编程方法。

2．实验内容

利用 8251 接口芯片，采用自发自收的方法，实现数据收发通信实验。发送的数据为 4000H 开始的 16 个源 RAM 区单元内容，接收到的数据放在 5000H 开始的目标 RAM 单元中，核对接收的数据是否和发送的数据一致。

3. 程序流程图（见图 4-10）

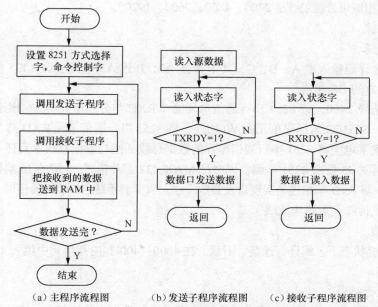

（a）主程序流程图　　　（b）发送子程序流程图　　　（c）接收子程序流程图

图 4-10　实验五全部程序流程图

4. 实验电路

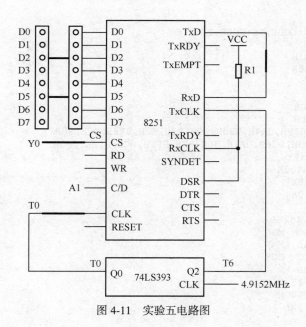

图 4-11　实验五电路图

5. 编程提示

（1）数据发送、接收字节均采用查询方式。

（2）8251 接口芯片的口地址已确定如下：

8251 命令状态口地址为 FFE1H；8251 数据口地址为 FFE0H。

（3）设置方式字，异步方式，字符 8 位，1 位起始位，1 位停止位，波特率因子为 16。

（4）TXC、RXC 时钟速率一致，可选速率：38.4kHz、76.8kHz、153.6kHz、307.2kHz。波特率 = TXC÷16，相应可选波特率：2400、4800、9600、19200。

6. 实验步骤

（1）实验连线。

① 连接 138 译码输入端 A、B、C，其中 A 连 A2，B 连 A3，C 连 A4，138 使能控制输入端 G 与总线单元上方的 GS 相连。

② 波特率选择 2400，将 8251 串行通信单元的 T/RXC 与分频单元的 T6 相连，CLK 与分频单元的 T0 相连，8251CS 与译码单元的 Y0 相连，将 8251 串行通信单元 RXD 与 TXD 相连。

③ 用 8 芯扁平电缆将 8251 串行通信单元的数据总线插座与数据总线单元任一插座相连。

④ 信选择开关 J3 拨向 8251 一侧，同时把 MAX 232 芯片第 7、8 脚的 J0 端用短路块或导线相联，即把 TxD 与 RxD 端相连，实现自发自收（注：当实验系统与 PC 机通信时，其开关必须拨向 CPU 一侧，且拆除其短路块或线）。

（2）PC 环境。

在与 PC 联机状态下，编译、连接、下载，在 4000～400Fh 内存单元中填入 16 个数据。用连续方式运行程序。

（3）观察运行结果。

在连续运行下，8251 开始将 4000～400Fh 内存单元的数据发送串行口，再从串行口接收数据并存到 5000～500Fh 内存单元，检查 5000～500Fh 内存单元的数据，应与 4000～400Fh 一致。

附源程序：

```
CODE    SEGMENT
        ASSUME CS:CODE,DS:CODE,ES:CODE
        ORG 35C0H
Z8251   EQU 0FFE1H
D8251   EQU 0FFE0H
COM_MOD EQU 4EH
COM_COM EQU 25H
ZXK     EQU 0FFDCH
ZWK     EQU 0FFDDH
LED     DB 0C0H,0F9H,0A4H,0B0H,99H,92H,82H,0F8H,80H,90H
        DB 88H,83H,0C6H,0A1H,86H,8EH,0FFH,0CH,0DEH,0F3H
BUF     DB 6 DUP(?)
START:  MOV BX,0400H
        MOV AL,[BX]
        CMP AL,00H
        JNZ SR0
SR8251: MOV DX,Z8251
        MOV AL,COM_MOD
        OUT DX,AL
        MOV AL,COM_COM
        OUT DX,AL
        MOV AL,01H
        MOV BX,0400H
        MOV [BX],AL
SR0:    CALL WP
        MOV SI,4000H
        MOV DI,5000H
        MOV CX,0010H
SR1:    MOV AH,[SI]
        CALL SEND
        CALL RX
        MOV [DI],AH
        INC SI
        INC DI
```

```
            LOOP SR1
SR2:     CALL DIS
            JMP SR2
RX:       MOV DX,Z8251
RX1:      IN AL,DX
            TEST AL,02H
            JZ RX1
            MOV DX,D8251
            IN AL,DX
            MOV AH,AL
            RET
WP:       MOV BUF,11H
            MOV BUF+1,10H
            MOV BUF+2,10H
            MOV BUF+3,10H
            MOV BUF+4,10H
            MOV BUF+5,10H
            RET
SEND:    MOV DX,Z8251
W1:       IN AL,DX
            TEST AL,01H
            JZ W1
            MOV DX,D8251
            MOV AL,AH
            OUT DX,AL
            RET
DIS:      MOV CL,20H
            MOV BX,OFFSET BUF
DIS1:     MOV AL,[BX]
            PUSH BX
            MOV BX,OFFSET LED
            XLAT
            POP BX
            MOV DX,ZXK
            OUT DX,AL
            MOV AL,CL
            MOV DX,ZWK
            OUT DX,AL
            PUSH CX
            MOV CX,0100H
DELAY:   LOOP DELAY
            POP CX
            CMP CL,01H
            JZ EXIT
            INC BX
            SHR CL,1
            JMP DIS1
EXIT:     MOV AL,00H
            MOV DX,ZWK
            OUT DX,AL
            RET
CODE   ENDS
            END START
```

实验六　A／D 转换实验

1. 实验目的

（1）了解模／数转换基本原理。

（2）掌握 ADC0809 的使用方法。

2. 实验内容

利用实验系统上的 0809 作为 A／D 转换器,实验系统上的电位器提供模拟量输入,编制程序,将模拟量转换成数字,通过发光二极管显示出来。

3. 程序流程图（见图 4-12）

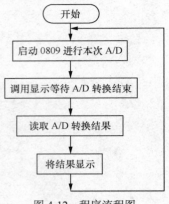

图 4-12　程序流程图

4. 实验电路（见图 4-13）

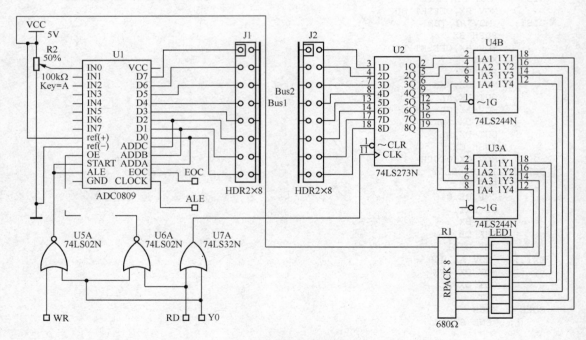

图 4-13　实验六电路图

5. 编程提示

（1）ADC0809 的 START 端为 A／D 转换启动信号,ALE 端为通道选择地址的锁存信号,实验电路中将其相连,以便同时锁存通道地址并开始 A／D 采样转换,其输入控制信号为 CS 和 IOW,故启动 A／D 转换只需如下两条指令:

```
MOV DX,ADPORT ；ADC0809 端地址
```

```
        OUT DX,AL      ;发 CS 和 IOW 信号并送通道地址
```

（2）用延时方式等待 A/D 转换结果，使用下述指令读取 A／D 转换结果：

```
        MOV DX,ADPORT
        IN  AL,DX
```

（3）循环不断采样 A/D 转换的结果，边采样边显示 A／D 转换后的数字量。

6．实验步骤

（1）按实验电路图连接线路：

① 将 0809CS 连到译码器输出 Y0 插孔。

② 将通道 0 模拟量输入端 IN0 连电位器 W1 的中心插头 0-5V 插孔。

（2）运行实验程序 在系统显示监控提示符 "P." 时，输入起始地址 3390，按 EXEC 键，在系统上显示 "0809XX"。"XX" 表示输入的模拟量转换后的数字量。

（3）调节电位器 W1，显示器上会不断显示新的转换结果。

模拟量和数字量对应关系的典型值为：

```
0V--00H, +2.5V--80H, +5V-FFH。
```

（4）按复位键 RESET 返回 "P."或按暂停键 STOP+MON 返回 "P."。

附源程序：

```
CODE      SEGMENT
          ASSUME CS:CODE,DS:CODE,ES:CODE
          ORG 3390H
H5:       JMP START
ZXK       EQU 0FFDCH
ZWK       EQU 0FFDDH
LED       DB 0C0H,0F9H,0A4H,0B0H,99H,92H,82H,0F8H,80H,90H
          DB 88H,83H,0C6H,0A1H,86H,8EH,0FFH,0CH,0DEH,0F3H
BUF       DB 6 DUP（?）
ADPORTE QU 0FFE0H
START:    MOV BUF,00H          ;DISPLAY 0809 00
          MOV BUF+1,08H
          MOV BUF+2,00H
          MOV BUF+3,09H        ;DISPLAY 0809 00
          MOV BUF+4,00H
          MOV BUF+5,00H
P5:       MOV AL,00H           ;IN0
          MOV DX,ADPORT
          OUT DX,AL
          CALL DIS
          MOV DX,ADPORT
          IN AL,DX
          MOV DX,0FFE4H        ;NEW ADD --> 138 Y1
          NOT AL               ;NEW ADD
          OUT DX,AL            ;NEW ADD --> 驱动发光二极管
          NOT AL               ;NEW ADD
          CALL ADS
          JMP P5
ADS:      MOV AH,AL
          AND AL,0FH
          MOV BUF+5,AL
          AND AH,0F0H
          MOV CL,4
          SHR AH,CL
          MOV BUF+4,AH
          RET
DIS:      MOV CL,20H
          MOV BX,OFFSET BUF
DIS1:     MOV AL,[BX]
          PUSH BX
```

```
        MOV BX,OFFSET LED
        XLAT
        POP BX
        MOV DX,ZXK
        OUT DX,AL
        MOV AL,CL
        MOV DX,ZWK
        OUT DX,AL
        PUSH CX
        MOV CX,0100H
DELAY:  LOOP $
        POP CX
        CMP CL,01H
        JZ EXIT
        INC BX
        SHR CL,1
        JMP DIS1
EXIT:   MOV AL,00H
        MOV DX,ZWK
        OUT DX,AL
        RET
CODE    ENDS
        END H5
```

实验七　D/A 转换实验

1. 实验目的

（1）了解数／模转换的基本原理。

（2）掌握 DAC0832 芯片的使用方法。

2. 实验内容

编制程序，利用 0832 芯片输出方波。

3. 程序流程图（见图 4-14）

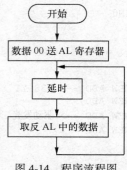

图 4-14　程序流程图

4. 实验电路（见图 4-15）

5. 编程提示

（1）首先须由 CS 片选信号确定 DAC 寄存器的端口地址，然后锁存一个数据通过 0832 输出，典型程序如下：

```
    MOV DX, DAPORT ; 0832 口地址
    MOV AL, DATA ; 输出数据到 0832
```

```
    OUT DX, AL
```

（2）产生方波信号的周期由延时常数确定。

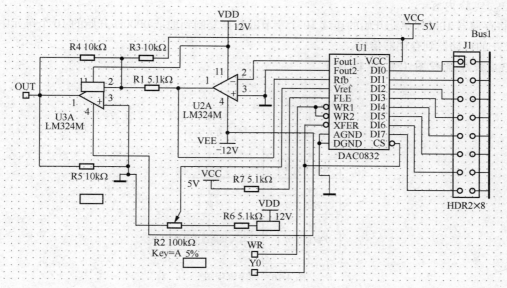

图 4-15　实验七电路图

6. 实验步骤

（1）按实验电路图连接线路。

将 0832 片选信号 0832CS 插孔和译码输出 FFE0 插孔相连。

（2）运行实验程序。

在系统处于"P."状态时，输入 33E0，按 EXEC 键，显示执行符"┌"。

（3）用示波器测量 0832 左侧 OUT 插孔，应有方波输出。

（4）按复位键 RESET 返回"P."或按暂停键 STOP+MON 返回"P."。

附源程序：

```
CODE    SEGMENT
        ASSUME CS:CODE,DS:CODE,ES:CODE
        ORG 33E0H
DAPORT EQU 0FFE0H
H6:     MOV AL,0FFH
P6:     MOV DX,DAPORT
        OUT DX,AL
        MOV CX,0400H
        LOOP $
        NOT AL
        JMP P6
CODE    ENDS
        END H6
```

实验八　8237 控制器实验

1. 实验目的

（1）掌握 8237DMA 控制器的工作原理。

（2）了解 DMA 特性及 8237 的几种数据传输方式。

（3）掌握 8237 的应用编程。

2．实验内容

将存储器 1000H 单元开始的连续 10 个字节的数据复制到地址 0000H 开始的 10 个单元中，实现 8237 的存储器到存储器传输。

3．程序流程图（见图 4-16）

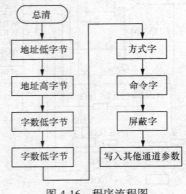

图 4-16　程序流程图

4．实验电路（见图 4-17）

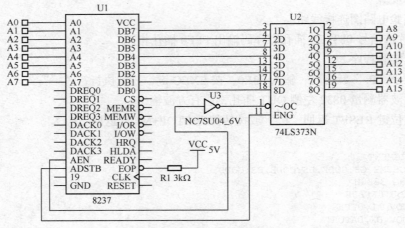

图 4-17　实验八电路图

5．编程提示

（1）简介。

DMA——存储器直接访问技术，用以实现高速 CPU 和高速外设之间的大量数据传输。利用 DMA 方式传送数据时，数据的传送过程完全由硬件控制。

DMA 控制器(DMAC)芯片 8237 是一种高性能的可编程 DMA 控制器。芯片上有 4 个独立的 DMA 通道，可以用来实现内存到接口、接口到内存及内存到内存之间的高速数据传送。最高数据传送速率可达 1.6MB/s。

（2）8237 的工作方式。

8237 工作有两种周期，即空闲周期和工作周期。

① 空闲周期。

当 8237 的 4 个通道均无请求时，即进入空闲周期。在此状态下，CPU 可对其编程设置工作状态。

② 工作周期。

当处于空闲状态的 8237 的某一通道提出 DMA 请求时，它向 CPU 输出 HRQ 有效信号，在未收到 CPU 回答时，8237 仍处于编程状态，又称初始状态。这就是 S0 状态。经过若干个 S0 状态后，CPU 送出 HLDA 后，则进入工作周期。8237 工作与下面 4 种工作类型之一。

a.单字节传送方式；b.数据块传送；c.请求传送；d.级联方式。

③ 传送类型。

8237 主要完成 3 种不同的传送：存储器到 I/O 接口；I/O 接口到存储器；存储器到存储器。

④ 优先级。

8237 有两种优先级方案可供编程选择：

a.固定优先级。规定各通道的优先级是固定的，即通道 0 的优先级最高，依次降低，通道 3 的优先级最低。

b.循环优先级。规定刚被服务的通道的优先级最低，依次循环。这就可以保证 4 个通道都有机会被服务。若三个通道已经被服务，则剩下的通道一定是优先级最高的。

⑤ 传送速率。

在一般情况下，8237 进行一次 DMA 传送需要 4 个时钟周期（不包括插入的等待周期 SW）。例如，PC 机的时钟周期约 210ns，则一次 DMA 传送需要 210ns×4+210ns=1050ns。多加一个 210ns 是考虑到人为插入一个 SW 的缘故。

另外，8237 为了提高传送速率，可以在压缩定时状态下工作。在压缩定时下，每一个 DMA 总线周期仅用 2 个时钟周期来实现，从而大大地提高传送速率。

6. 实验步骤

（1）实验接线图如图 4-17 所示，按图连接实验线路。

（2）根据实验要求，参考流程图编写实验程序。

（3）编译、链接程序无误后，将目标代码装入系统。

（4）初始化首地址中的数据，通过 E8000:2000 命令来改变。（注：思考为何通道中送入的首地址值为 1000H，而 CPU 初始化时的首地址为 2000H。）

（5）运行程序，然后停止程序运行。

（6）通过 D8000:0000 命令查看 DMA 传输结果，是否与首地址中写入的数据相同，可反复验证。

附源程序：

```
STACK SEGMENT
    DW 64 DUP(?)
STACK ENDS
CODE SEGMENT
    ASSUME CS:CODE, SS: STACK
START:OUT 0DH,AL
    MOV AL,00H
    OUT 00H,AL
    MOV AL,40H
    OUT 00H,AL
    MOV AL,00H
    OUT 02H,AL
    MOV AL,30H
    OUT 02H,AL
```

```
        MOV AL,0AH
        OUT 01H,AL
        MOV AL,00H
        OUT 01H,AL
        MOV AL,0AH
        OUT 03H,AL
        MOV AL,00H
        OUT 03H,AL
        MOV AL,88H
        OUT 0BH,AL
        MOV AL,85H
        OUT 0BH,AL
        MOV AL,81H
        OUT 08H,AL
        MOV AL,04H
        OUT 09H,AL
        MOV AL,00H
        OUT 0FH,AL
A1:JMP A1
CODE ENDS
    END START
```

实验九　16×16点阵显示实验

1. 实验目的

（1）利用微机扩展锁存器的方式控制点阵显示。

（2）掌握微机与16×16点阵块之间接口电路设计及编程。

2. 实验内容

利用实验系统16×16点阵实验单元，以扩展锁存方式控制点阵显示。要求编制程序实现汉字点阵循环显示。

3. I/O口地址分配（见表4-2）

表4-2　　　　　　　　　　　　　　　　　I/O口地址分配

扩展名称	口地址	用途	控制方式
273（4）	0FFE3H	列代码1	扩展锁存器
273（1）	0FFE0H	列代码2	扩展锁存器
273（3）	0FFE2H	行扫描1	扩展锁存器
273（2）	0FFE1H	行扫描2	扩展锁存器

I/O口分别提供字形代码（列码）、扫描信号（行码），凡字形代码位为"1"、行扫描信号为"1"点亮该点，否则熄灭。通过逐行扫描循环点亮字形或曲线。

4. 实验电路（见图4-18）

5. 编程提示

利用实验系统16×16点阵实验单元，以两种方式控制点阵显示。要求编制程序实现汉字点阵循环显示。

6. 实验步骤

（1）实验连线。

① 连接138译码输入端A、B、C，其中A连A2，B连A3，C连A4，138使能控制输入端

G 与总线单元上方的 GS 相连。

② 点阵显示单元的 16×16CS 与译码单元 Y0 相连。

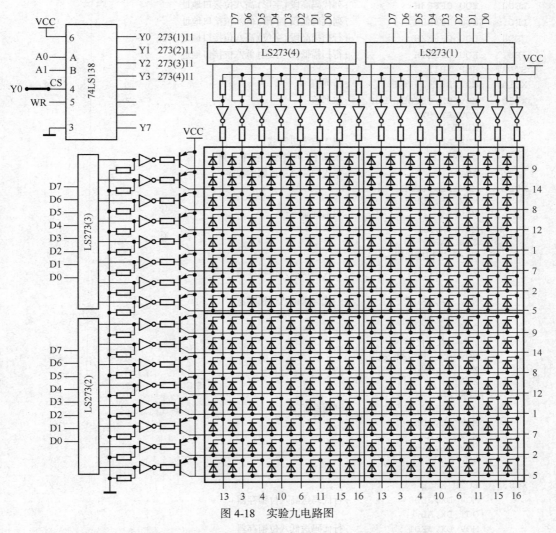

图 4-18 实验九电路图

③ 8 芯扁平电缆将点阵显示单元的数据总线插座与数据总线单元任一插座相连。

（2）LED 环境。

① 在"P."状态下按"0→EV/UN"，装载实验所需的代码程序。

② 在"P."状态下键入 3AD2，按"EXEC"进入实验项目的运行。

（3）PC 环境。

在与 PC 联机状态下，编译、连接、下载，用连续方式运行程序。

（4）观察运行结果。

点阵显示模块循环显示"欢迎选用启东达爱思计算机有限公司 Dais 系列产品"。

（5）终止运行。

按"暂停图标"或实验箱上的"暂停按钮"，使系统无条件退出该程序的运行，返回监控状态。

附源程序：

CODE   SEGMENT

```
                ASSUME CS:CODE,DS:CODE,ES:CODE
                ORG 3AD2H
HE14:   JMP START
LED0    EQU 0FFE3H                ;列代码高段(字形)高八位接口地址
LED1    EQU 0FFE0H                ;列代码低段(字形)低八位接口地址
JED0    EQU 0FFE2H                ;行扫描高段(字位)高八位接口地址
JED1    EQU 0FFE1H                ;行扫描低段(字位)低八位接口地址
START:  JMP XB13
X01A:   MOV BUF+2,00H             ;清列值
X023:   MOV BX,OFFSET BUF         ;取列值
        MOV AL,02H
        XLAT
        CMP AL,10H                ;减16(十进制数)
        JC X0D2                   ;未满16列继续扫描下一列
        RET                       ;本次扫描完毕返回主程序
X0D2:   MOV DX,0002H
        MOV AH,00H
        MUL DX                    ;当前列乘02
        MOV CX,AX
        CALL XB1F
        ;=== 送扫描代码 ==
        MOV DX,LED0               ;列代码送高八位锁存器
        OUT DX,AL
        MOV DX,LED1               ;列代码送低八位锁存器
        MOV AL,AH
        OUT DX,AL
        ;=== 取行代码 ==
        MOV BX,OFFSET BUF
        MOV AL,02H
        XLAT
        INC AL
        MOV BUF+2,AL              ;列指针加1
        MOV AH,00H
        MOV CX,AX
        MOV AL,01H
        JMP X083
X07E:   SAL AX,1
X083:   LOOP X07E
        MOV DX,JED0               ;行代码送高八位锁存器
        OUT DX,AL
        MOV DX,JED1               ;行代码送低八位锁存器
        MOV AL,AH
        OUT DX,AL
        MOV CX,0080H              ;当前行锁定显示250μs
        LOOP $
        MOV AL,00H                ;关闭显示
        MOV DX,JED0
        OUT DX,AL
        MOV DX,JED1
        OUT DX,AL
        JMP X023                  ;继续下1行
;============================================
X097:   MOV AL,00H                ;关闭显示
        MOV DX,JED0
        OUT DX,AL
        MOV DX,JED1
        OUT DX,AL
        ;=============
```

```
X0A0:    MOV AL,00H          ;清扫描个数寄存器
         MOV BUF+3,AL        ;从第一个开始
X0A2:    MOV BX,OFFSET BUF   ;取当前扫描个数
         MOV AL,03H
         XLAT
         CMP AL,19H          ;减83(十进制数)
         JNC X0A0            ;满83个返回从第一个开始
         ;==========================
         MOV AH,00H
         MOV DX,0020H
         MUL DX
         MOV BX,OFFSET STLS
         ADD AX,BX
         MOV BUF,AL
         MOV BUF+1,AH
         ;==========================
         MOV AL,00H          ;清扫描次数寄存器
         MOV BUF+4,AL
X0BD:    MOV BX,OFFSET BUF   ;取当前扫描个数
         MOV AL,04H
         XLAT
         CMP AL,64H          ;减64(十进制数)
         JNC X0CF
         ;==========================
         CALL X01A           ;扫描显示当前字体
         ;==========================
         MOV BX,OFFSET BUF   ;扫描次数加1
         MOV AL,04H
         XLAT
         INC AL
         MOV BUF+4,AL
         JMP X0BD
         ;==========================
X0CF:    MOV BX,OFFSET BUF   ;扫描个数加1
         MOV AL,03H
         XLAT
         INC AL
         MOV BUF+3,AL
         JMP X0A2
STLS:
;欢
DB
00H,80H,00H,80H,0FCH,80H,04H,0FCH,45H,04H,46H,48H,28H,
40H,28H,40H
DB
10H,40H,28H,40H,24H,0A0H,44H,0A0H,81H,10H,01H,08H,02H,
0EH,0CH,04H
;迎
DB
00H,00H,41H,84H,26H,7EH,14H,44H,04H,44H,04H,44H,0F4H,44H,14H,0C4H
DB
15H,44H,16H,54H,14H,48H,10H,40H,10H,40H,28H,46H,47H,
0FCH,00H,00H
;选
DB
00H,40H,42H,40H,32H,48H,13H,0FCH,02H,40H,04H,44H,0F7H,
0FEH,10H,0A0H
DB
10H,0A0H,10H,0A0H,11H,22H,11H,22H,12H,1EH,2CH,00H,44H,06H,03H,0FCH
;用
```

```
        DB
        00H,08H,3FH,0FCH,21H,08H,21H,08H,21H,08H,3FH,0F8H,21H,
        08H,21H,08H
        DB
        21H,08H,3FH,0F8H,21H,08H,21H,08H,21H,08H,41H,08H,41H,
        28H,80H,10H
        ;启
        DB
        01H,00H,00H,84H,1FH,0FEH,10H,04H,10H,04H,10H,04H,1FH,
        0FCH,10H,00H
        DB
        10H,04H,1FH,0FEH,18H,04H,28H,04H,28H,04H,48H,04H,8FH,
        0FCH,08H,04H
        ;东
        DB
        02H,00H,02H,00H,02H,04H,0FFH,0FEH,04H,00H,09H,00H,09H,
        00H,11H,10H
        DB
        3FH,0F8H,01H,00H,09H,40H,09H,20H,11H,10H,21H,18H,45H,
        08H,02H,00H
        ;达
        DB
        00H,80H,40H,80H,20H,80H,20H,80H,00H,88H,0FH,0FCH,0E0H,
        80H,21H,00H
        DB
        21H,40H,22H,20H,22H,10H,24H,18H,28H,08H,50H,06H,8FH,
        0FCH,00H,00H
        ;爱
        DB
        00H,78H,3FH,80H,11H,10H,09H,20H,7FH,0FEH,42H,02H,82H,
        04H,7FH,0F8H
        DB
        04H,00H,07H,0F0H,0AH,20H,09H,40H,10H,80H,11H,60H,22H,
        1CH,0CH,08H
        ;思
        DB
        00H,08H,3FH,0FCH,21H,08H,21H,08H,21H,08H,3FH,0F8H,21H,
        08H,21H,08H
        DB
        21H,08H,3FH,0F8H,20H,08H,02H,00H,51H,88H,50H,96H,90H,
        12H,0FH,0F0H
        ;计
        DB
        00H,40H,20H,40H,10H,40H,10H,40H,00H,40H,00H,44H,0F7H,
        0FEH,10H,40H
        DB
        10H,40H,10H,40H,10H,40H,12H,40H,14H,40H,18H,40H,10H,
        40H,00H,40H
        ;算
        DB
        20H,80H,3EH,0FCH,49H,20H,9FH,0F0H,10H,10H,1FH,0F0H,10H,10H,1FH,0F0H
        DB
        10H,10H,1FH,0F0H,08H,24H,0FFH,0FEH,08H,20H,08H,20H,10H,20H,20H,20H
        ;机
        DB
        10H,00H,10H,10H,11H,0F8H,11H,10H,0FDH,10H,11H,10H,31H,
        10H,39H,10H
        DB
        55H,10H,51H,10H,91H,10H,11H,10H,11H,12H,12H,12H,14H,0EH,18H,00H
        ;有
        DB
        02H,00H,02H,04H,0FFH,0FEH,04H,00H,04H,10H,0FH,0F8H,08H,10H,18H,10H
```

```
DB
2FH,0F0H,48H,10H,88H,10H,0FH,0F0H,08H,10H,08H,10H,08H,
50H,08H,20H
;限
DB
00H,08H,7DH,0FCH,45H,08H,49H,08H,49H,0F8H,51H,08H,49H,08H,49H,0F8H
DB
45H,04H,45H,88H,45H,50H,69H,20H,51H,10H,41H,4EH,41H,84H,
41H,00H
;公
DB
00H,00H,00H,80H,04H,80H,04H,40H,08H,40H,08H,20H,11H,10H,21H,0EH
DB
0C2H,04H,02H,00H,04H,00H,08H,40H,10H,20H,1FH,0F0H,00H,10H,00H,00H
;司
DB
00H,08H,3FH,0FCH,00H,08H,00H,48H,0FFH,0E8H,00H,08H,00H,88H,3FH,0C8H
DB
20H,88H,20H,88H,20H,88H,20H,88H,3FH,88H,20H,88H,00H,28H,
00H,10H
; D
DB
00H,00H,7FH,0E0H,20H,10H,20H,08H,20H,08H,20H,08H,20H,08H,
20H,08H
DB
20H,08H,20H,08H,20H,10H,7FH,0E0H,00H,00H,00H,00H,
00H,00H,00H,00H
; A
DB
00H,00H,00H,00H,00H,00H,00H,00H,00H,00H,0FH,80H,10H,40H,
00H,40H
DB
0FH,0C0H,10H,40H,10H,50H,0FH,0A0H,00H,00H,00H,00H,00H,
00H,00H,00H
; I
DB
00H,00H,01H,00H,01H,00H,00H,00H,01H,00H,01H,00H,01H,00H,01H,00H
DB
01H,00H,01H,00H,01H,00H,01H,00H,00H,00H,00H,00H,00H,
00H,00H
; S
DB
00H,00H,00H,00H,00H,00H,00H,00H,00H,00H,07H,80H,08H,40H,
08H,00H
DB
07H,80H,00H,40H,08H,40H,07H,80H,00H,00H,00H,00H,00H,00H,
00H,00H
;系
DB
00H,38H,7FH,0C0H,04H,00H,04H,10H,08H,20H,3FH,0C0H,01H,
00H,02H,20H
DB
04H,10H,3FH,0F8H,01H,08H,09H,20H,09H,10H,11H,08H,25H,08H,
02H,00H
;列
DB
01H,04H,7FH,84H,10H,24H,10H,24H,1FH,24H,21H,24H,21H,24H,
52H,24H
DB
8AH,24H,04H,24H,04H,24H,08H,24H,10H,04H,20H,04H,40H,14H,
00H,08H
```

```
        ;产
        DB
        02H,00H,01H,00H,01H,08H,7FH,0FCH,08H,10H,04H,20H,04H,
        48H,1FH,0FCH
        DB
        10H,00H,10H,00H,10H,00H,10H,00H,20H,00H,20H,00H,40H,00H,
        80H,00H
        ;品
        DB
        00H,10H,1FH,0F8H,10H,10H,10H,10H,10H,10H,1FH,0F0H,10H,
        10H,02H,04H
        DB
        7FH,0FEH,42H,84H,42H,84H,42H,84H,42H,84H,42H,84H,7EH,0FCH,
        42H,84H
        ;!
        DB
        00H,00H,00H,00H,00H,00H,00H,00H,10H,00H,10H,00H,10H,00H,
        10H,00H
        DB
        10H,00H,10H,00H,10H,00H,10H,00H,10H,00H,00H,00H,10H,00H,
        00H,00H
XB13:   MOV CX,0000H
        MOV AX,0000H
        MOV BX,OFFSET STLS       ;取汉字表首址
        MOV AX,BX
        MOV BUF,AL
        MOV BUF+1,AH             ;存汉字表指针单元
        JMP X097
;=========取与当前列对应的汉字代码=============
XB1F:   MOV BX,OFFSET BUF        ;取当前汉字首址
        MOV AX,[BX]
        ADD AX,CX               ;当前汉字首址加列值
        MOV BX,AX
        MOV AX,[BX]             ;取当前列扫描代码
        ;===================
        MOV BL,00H
        MOV CL,AL
        ROL CL,1
        JNC XB_0
        OR BL,01H
XB_0:   ROL CL,1
        JNC XB_2
        OR BL,02H
XB_2:   ROL CL,1
        JNC XB_3
        OR BL,04H
XB_3:   ROL CL,1
        JNC XB_4
        OR BL,08H
XB_4:   ROL CL,1
        JNC XB_5
        OR BL,10H
XB_5:   ROL CL,1
        JNC XB_6
        OR BL,20H
XB_6:   ROL CL,1
        JNC XB_7
        OR BL,40H
XB_7:   ROL CL,1
        JNC XB_8
        OR BL,80H
XB_8:   MOV AL,BL
```

```
      RET
;===============================================
BUF    DB 6 DUP(?)
CODE   ENDS
      END HE14
```

实验十　8255A 控制交通灯

1.　实验目的

掌握通过 8255A 并行口传输数据的方法，以控制发光二极管的亮与灭。

2.　实验内容

用 8255 作为输出口，控制 12 个发光二极管燃灭，模拟交通灯管理。

3.　程序流程图（见图 4-19）

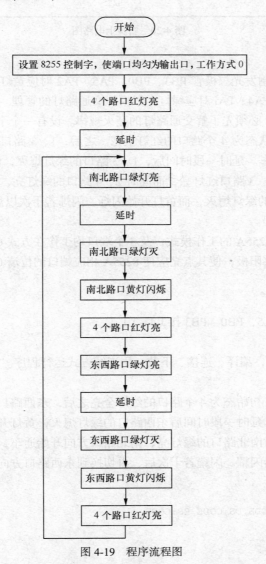

图 4-19　程序流程图

4. 实验电路（见图 4-20）

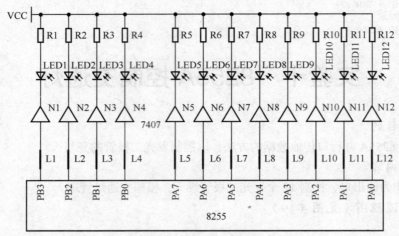

图 4-20　实验十电路图

5. 编程提示

（1）通过 8255A 控制发光二极管 PB3、PB0、PA5、PA2 对应黄灯，PB1、PA6、PA3、PA0 对应红灯，PB2、PA7、PA4、PA1 对应绿灯，以模拟交通路灯的管理。

（2）要完成本实验，必须先了解交通路灯的亮灭规律。设有一个十字路口 1、3 为南北方向，2、4 为东西方向，初始状态为 4 个路口的红灯全亮。之后，1、3 路口的绿灯亮，2、4 路口的红灯亮，1、3 路口方向通车。延时一段时间后，1、3 路口的绿灯熄灭，而 1、3 路口的黄灯开始闪烁，闪烁若干次以后，1、3 路口红灯亮，而同时 2、4 路口的绿灯亮，2、4 路口方向通车，延时一段时间后，2、4 路口的绿灯熄灭，而黄灯开始闪烁，闪烁若干次以后，再切换到 1、3 路口方向，之后，重复上述过程。

（3）程序中设定好 8255A 的工作模式，及 3 个端口均工作在方式 0，并处于输出状态。

（4）各发光二极管共阳极；使其点亮应使 8255A 相应端口的位清 0。

6. 实验步骤

（1）实验连线。

8255PA 口接 L12 ~ L5，PB0 ~ PB3 接 L4 ~ L1。

（2）PC 环境。

在与 PC 联机状态下，编译、连接、下载，用连续方式运行程序。

（3）观察运行结果。

在连续运行方式下，初始态为 4 个路口的红灯全亮之后，东西路口的绿灯亮南北路口的红灯亮，东西路口方向通车。延时一段时间后东西路口的绿灯熄灭，黄灯开始闪耀。闪耀若干次后，东西路口红灯亮，而同时南北路口的绿灯亮，南北路口方向开始通车，延时一段时间后，南北路口的绿灯熄灭，黄灯开始闪耀。闪耀若干次后，再切换到东西路口方向，之后重复以上过程。

附源程序：

```
CODE    SEGMENT
        ASSUME CS:CODE,DS:CODE,ES:CODE
        ORG 32F0H
PA      EQU 0FFD8H
PB      EQU 0FFD9H
PC      EQU 0FFDAH
```

```
          PCTL    EQU 0FFDBH
          H3:     MOV AL,88H
                  MOV DX,PCTL
                  OUT DX,AL                      ;AB 方式 0 输出，
                  MOV DX,PA
                  MOV AL,0B6H
                  OUT DX,AL
                  INC DX                         ;AB 对应全部红灯亮
                  MOV AL,0DH
                  OUT DX,AL
                  CALL DELAY1
          P30:    MOV AL,75H
                  MOV DX,PA                       ;A 对应绿灯亮
                  OUT DX,AL
                  INC DX
                  MOV AL,0DH                      ;B 对应红灯亮
                  OUT DX,AL
                  CALL DELAY1
                  CALL DELAY1
                  MOV CX,08H
          P31:    MOV DX,PA
                  MOV AL,0F3H                     ;A 对应黄灯闪烁
                  OUT DX,AL
                  INC DX
                  MOV AL,0CH
                  OUT DX,AL
                  CALL DELAY2
                  MOV DX,PA
                  MOV AL,0F7H
                  OUT DX,AL
                  INC DX
                  MOV AL,0DH
                  OUT DX,AL
                  CALL DELAY2
                  LOOP P31
                  MOV DX,PA
                  MOV AL,0AEH
                  OUT DX,AL
                  INC DX
                  MOV AL,0BH
                  OUT DX,AL
                  CALL DELAY1
                  CALL DELAY1
                  MOV CX,08H
          P32:    MOV DX,PA
                  MOV AL,9EH
                  OUT DX,AL
                  INC DX
                  MOV AL,07H
                  OUT DX,AL
                  CALL DELAY2
                  MOV DX,PA
                  MOV AL,0BEH
                  OUT DX,AL
                  INC DX
                  MOV AL,0FH
                  OUT DX,AL
                  CALL DELAY2
                  LOOP P32
                  JMP P30
          DELAY1: PUSH AX
                  PUSH CX
                  MOV CX,0030H
```

```
DELY2:  CALL DELAY2
        LOOP DELY2
        POP CX
        POP AX
        RET
DELAY2: PUSH CX
        MOV CX,8000H
DELAY:  LOOP DELAY
        POP cx
        RET
CODE    ENDS
        END H3
```

综合设计实验一　通过继电器实现的报警器

1. 实验目的

掌握 8259 中断、8253 定时器和 8255 对 PC 口设置使用的基本方法和编程，并综合应用，掌握对继电器控制的基本方法和编程。

2. 实验内容

利用 8259 产生中断信号，模拟故障信号，然后利用 8255 PC0 输出高低电平，控制继电器的开合，进而控制红灯闪烁，以实现报警功能，灯闪烁的延时通过 8253 实现。

3. 程序流程图（见图 4-21）

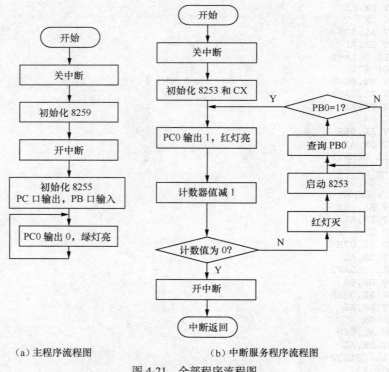

（a）主程序流程图　　　　　　　（b）中断服务程序流程图

图 4-21　全部程序流程图

4．实验电路（见图 4-22）

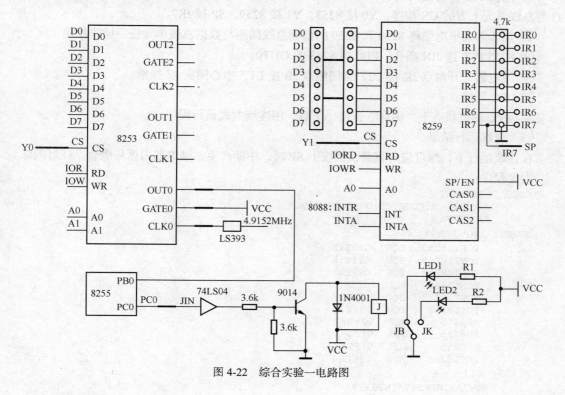

图 4-22　综合实验一电路图

5．编程提示

（1）8259 芯片介绍。

中断控制器 8259A 是专为控制优先级中断而设计的芯片。它将中断源优先级排队、辨别中断源以及提供中断矢量的电路集于一片中。因此无需附加任何电路，只需对 8259A 进行编程，就可以管理 8 级中断，并选择优先模式和中断请求方式，即中断结构可以由用户编程来设定。同时，在不需要增加其他电路的情况下，通过多片 8259A 的级联，能构成多达 64 级的矢量中断系统。

本实验中使用 7 号中断源 IR7，插孔和 IR7 相连，中断方式为边沿触发方式，每按下按钮产生一次中断，编写程序，使系统每次响应外部中断 IR7 时，执行中断程序。

（2）8253 芯片介绍。

8253 是一种可编程定时/计数器，有 3 个十六位计数器，其计数频率范围为 0～2MHz，用+5V 单电源供电。本实验采用方式 0：计数结束中断。

（3）8255 芯片介绍。

8255 可编程外围接口芯片是 Intel 公司生产的通用并行接口芯片，它具有 A、B、C 三个并行接口，用+5V 电源供电，本实验采用方式 0：基本输入／输出方式，设置 PC0 为输出，PB0 为输入。

（4）电子继电器介绍。

电子继电器在工业控制中应用比较广泛，通过线圈带电，带动动合和动分触点动作，进而实现对灯的控制。

6．实验步骤

（1）实验连线。

① 连接 138 译码输入端 A、B、C，其中 A 连 A2，B 连 A3，C 连 A4，138 使能控制输入端 G 与总线单元上方的 GS 相连，Y0 接 8253，Y1 接 8259，SP 接 IR7。

② 用 8 芯扁平电缆将 8253 和 8259 的数据总线插座与数据总线单元任一插座相连。

③ 8255 PC0 连 JIN 插孔，PB0 接 8253 的 OUT0。

④ 继电器常开触点 JK 接 L2，常闭触点 JB 接 L1，中心插头 JZ 接地。

（2）PC 环境。

在与 PC 联机状态下，编译、连接、下载，用连续方式运行程序。

（3）观察运行结果。

在连续运行下，绿灯应一直亮，当按下 SP 时，中断产生，继电器内循环吸合，红灯闪烁。

附源程序：

```
CODE    SEGMENT
        ASSUME CS:CODE,DS:CODE,ES:CODE
        ORG 34B0H
START:  JMP P8259
        PORT08259   EQU   0FFE4H
        PORT18259   EQU   0FFE5H
        PORT08253   EQU   0FFE0H
        PORT18253   EQU   0FFE1H
        PORT28253   EQU   0FFE2H
        PCTL8253    EQU   0FFE3H
        PA8255      EQU   0FFD8H
        PB8255      EQU   0FFD9H
        PC8255      EQU   0FFDAH
        PCTL8255    EQU   0FFDBH
P8259:  CLI
        MOV AX,OFFSET INT8259
        MOV BX,003CH
        MOV [BX],AX
        MOV BX,003EH
        MOV AX,0000H
        MOV [BX],AX
        CALL FOR8259
        STI
        MOV DX,0FFDBH   ;8255CTL
        MOV AL,82H
        OUT DX,AL
J0:     MOV AL,00H
        OUT DX,AL       ;PC0=0
        JMP J0
INT8259:CLI
        MOV CX,8
        MOV DX, PCTL8253
        MOV AL,31H
        OUT DX,AL
        MOV DX,0FFDBH
J2:     MOV AL,01H
        OUT DX,AL       ;PC0=1
        DEC CX
        JZ J1
        MOV AL,00H
        OUT DX,AL
        MOV DX, PORT08253
        MOV AX,2000H
        OUT DX,AL
        MOV AL,AH
        OUT DX,AL
        MOV DX, PB8255
J3:     IN AL,DX
```

```
        AND AL,01H
        JNZ J2
        JMP J3
J1:     STI
        IRET
FOR8259:MOV AL,13H
        MOV DX, PORT08259
        OUT DX,AL
        MOV AL,08H
        MOV DX, PORT18259
        OUT DX,AL
        MOV AL,09H
        OUT DX,AL
        MOV AL,7FH       ;IRQ7
        OUT DX,AL
        RET
CODE    ENDS
        END START
```

综合设计实验二　步进电机控制

1. 实验目的

（1）了解步进电机控制的基本原理。

（2）掌握步进电机转动的编程方法。

2. 实验内容

通过 8259 中断启动，用 8255PA0-PA3 输出脉冲信号，驱动步进电机转动。

3. 程序流程图（见图 4-23）

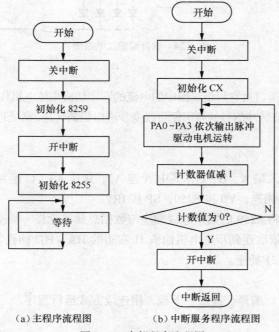

(a) 主程序流程图　　(b) 中断服务程序流程图

图 4-23　全部程序流程图

4. 实验电路（见图 4-24）

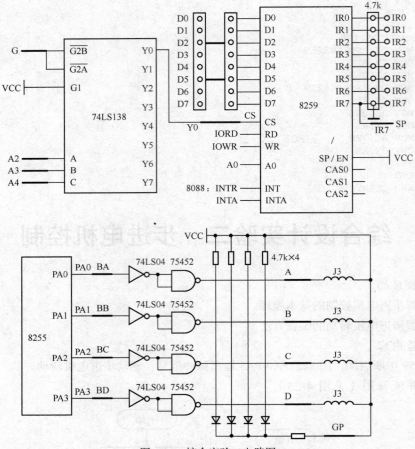

图 4-24　综合实验二电路图

5. 编程提示

步进电机驱动原理是通过对它每组线圈中的电流的顺序切换来使电机作步进式旋转，驱动电路由脉冲信号为控制，所以调节脉冲信号的频率便可改变步进电机的转速，微处理器控制步进电机最适合。

6. 实验步骤

（1）实验连线。

① 连接 138 译码输入端 A、B、C，其中 A 连 A2，B 连 A3，C 连 A4，138 使能控制输入端 G 与总线单元上方的 GS 相连，Y0 接 8259，SP 接 IR7。

② 用 8 芯扁平电缆将 8259 的数据总线插座与数据总线单元任一插座相连。

③ 8255 PA0 ~ PA3 依次连到步进电机插头 J1 右边的 HA ~ HD 插孔。

④ 步进电机接插头 J1 插座。

（2）PC 环境。

在与 PC 联机状态下，编译、连接、下载，用连续方式运行程序。

（3）观察运行结果。

在连续运行下，观察电机转动情况。

附源程序：

```
CODE    SEGMENT
        ASSUME CS:CODE,DS:CODE,ES:CODE
        ORG 3620H
        JMP START
        IOCONPT    EQU    0FFDBH
        IOBPT      EQU    0FFD9H
        IOAPT      EQU    0FFD8H
        PORT08259  EQU    0FFE0H
        PORT18259  EQU    0FFE1H
START: CLI
        MOV AX,OFFSET INT8259
        MOV BX,003CH
        MOV [BX],AX
        MOV BX,003EH
        MOV AX,0000H
        MOV [BX],AX
        CALL FOR8259
        STI
        MOV AL,88H
        MOV DX,IOCONPT
        OUT DX,AL
        JMP $
INT8259: CLI
        MOV CX,100
        IOLED1: MOV DX,IOAPT
        MOV AL,03H   ;00000011B
        OUT DX,AL
        CALL XDELAY
        MOV AL,06H   ;00000110B
        OUT DX,AL
        CALL XDELAY
        MOV AL,0CH   ;00001100B
        OUT DX,AL
        CALL XDELAY
        MOV AL,09H   ;00001001B
        OUT DX,AL
        CALL XDELAY
        MOV AL,03H   ;00000011B
        OUT DX,AL
        CALL XDELAY
        MOV AL,06H   ;00000110B
        OUT DX,AL
        CALL XDELAY
        MOV AL,0CH   ;00001100B
        OUT DX,AL
        CALL XDELAY
        MOV AL,09H   ;00001001B
        OUT DX,AL
        CALL XDELAY
        DEC CX
        JNZ IOLED1
    STI
```

```
        IRET
FOR8259:MOV AL,13H
        MOV DX, PORT08259
        OUT DX,AL
        MOV AL,08H
        MOV DX, PORT18259
        OUT DX,AL
        MOV AL,09H
        OUT DX,AL
        MOV AL,7FH      ;IRQ7
        OUT DX,AL
        RET
XDELAY: MOV CX,03FFFH
XDELA:  LOOP XDELA
        RET
CODE    ENDS
        END START
```

综合设计实验三 定时中断控制指示灯

1. 实验目的

（1）进一步掌握 8253 和 8259 的基本原理。

（2）掌握两种芯片综合应用方法。

2. 实验内容

8253 定时器采用级联形式，输出中断信号给 8259，中断启动，用 74LS273 数据输出锁存器去驱动两组灯轮流显示。

3. 程序流程图（见图 4-25）

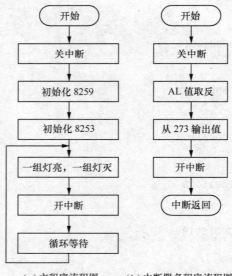

（a）主程序流程图   （b）中断服务程序流程图

图 4-25 全部程序流程图

4. 实验电路（见图 4-26）

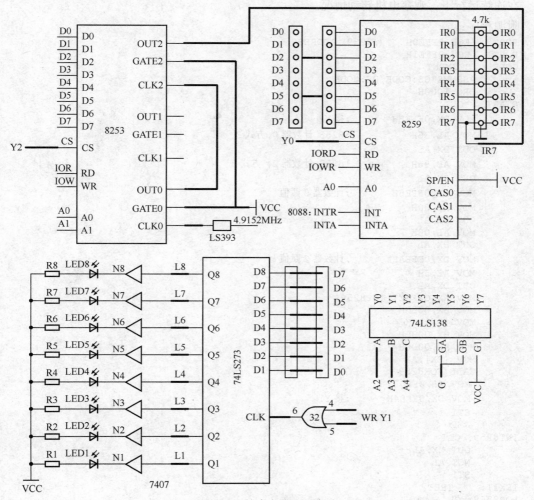

图 4-26　综合实验四电路图

5. 编程提示

8259 芯片介绍和 8253 芯片介绍见综合设计实验一的编程提示。验 8253 芯片采用方式 3：方波发生器。

6. 实验步骤

（1）实验连线。

① 连接 138 译码输入端 A、B、C，其中 A 连 A2，B 连 A3，C 连 A4，138 使能控制输入端 G 与总线单元上方的 GS 相连，Y0 接 8259，Y1 接 74LS273，Y2 接 8253。

② 用 8 芯扁平电缆将 8259 的数据总线插座与数据总线单元任一插座相连。

③ 8253 的 OUT0 接 CLK2，OUT2 接 IR7，GATE0 和 GATE2 接 VCC，CLK0 接 393 的一个插孔。

（2）PC 环境。

在与 PC 联机状态下，编译、连接、下载，用连续方式运行程序。

（3）观察运行结果。

在连续运行下，观察电机转动情况。

附源程序：

```
PORT0   EQU  0FFE0H      ;8259 ADDRESS
PORT1   EQU  0FFE1H
CODE    SEGMENT
        ASSUME CS:CODE,DS:CODE
        ORG 1000H
START:  CLI
        MOV DX,0FFEBH        ;接 Y2
        MOV AL,36H          ;8253 计数器 0,方式 3
        OUT DX,AL
        MOV AL,96H          ;8253 计数器 2, 方式 3
        OUT DX,AL
        MOV DX,0FFE8H       ;计数器 0 赋值
        MOV AL,00H
        OUT DX,AL
        MOV AL,00H
        OUT DX,AL
        MOV DX,0FFEAH       ;计数器 2 赋值
        MOV AL,5H
        OUT DX,AL
        MOV AX,OFFSET INT8259
        MOV BX,003CH
        MOV [BX],AX
        MOV BX,003EH
        MOV AX,0000H
        MOV [BX],AX
        CALL FOR8259
        MOV AL,0FH
        MOV DX,0FFE4H       ;接 Y1
        STI
        JMP $
INT8259: CLI
        OUT DX,AL
        NOT AL
        STI
IEXIT:   IRET
FOR8259:MOV AL,13H
        MOV DX,PORT0
        OUT DX,AL
        MOV AL,08H
        MOV DX,PORT1
        OUT DX,AL
        MOV AL,0BH
        OUT DX,AL
        MOV AL,7FH          ;IRQ7
        OUT DX,AL
        RET
CODE    ENDS
        END START
```

第5章
习题部分

5.1　微处理器技术基础

一、计算题

1. 将下列十进制数转换成二进制数：

（1）49　　　　　（2）73.8125　　　　　（3）79.75

2. 将十六进制数变换成二进制数和十进制数：

（1）FAH　　　　（2）5BH　　　　　（3）78A1H　　　　（4）FFFFH

3. 将下列二进制数转换成十进制数：

（1）10110.101B　　（2）10010010.001B　　（3）11010.1101B

4. 已知 a=1011B，b=11001B，c=100110B，按二进制完成下列运算，并用十进制运算检查计算结果：

（1）a+b　　　　（2）c−a−b　　　　（3）a·b　　　　（4）c/b

5. 设机器字长为 8 位，写出下列各数的原码和补码：

（1）+1010101B　　　　（2）−1010101B　　　　（3）+1111111B

（4）−1111111B　　　　（5）+1000000B　　　　（6）−1000000B

6. 设机器字长为 8 位，先将下列各数表示成二进制补码，然后按补码进行运算，并用十进制数运算进行检验：

（1）87−73　　　　（2）87+（−73）　　　　（3）87−（−73）

（4）（−87）+73　　（5）（−87）−73　　　　（6）（−87）−（−73）

7. 设下列 4 组为 8 位二进制补码表示的十六进制数，计算 a+b 和 a−b，并判断其结果是否溢出：

（1）a=37H，b=57H　　　　（2）a=0B7H，b=0D7H

（3）a=0F7H，b=0D7H　　　（4）a=37H，b=0C7H

8. 将下列算式中的十进制数表示成组合 BCD 码进行运算，并用加 6/减 6 修正其结果：

（1）38+42　　　（2）56+77　　　（3）99+88　　　（4）34+69

（5）38−42　　　（6）77−56　　　（7）15−76　　　（8）89−23

9. 将下列字符串表示成相应的 ASCII 码（用十六进制数表示）：

（1）Hello　　　（2）123<CR>456（注：<CR>表示回车）

（3）ASCII　　（4）The number is 2315

二、简答题

1. 简述微型计算机系统的组成。

2. CPU 是什么？写出 Intel 微处理器的家族成员。

3. 指出 IP、SP、BP 分别是什么寄存器，有什么用处？

4. 解释物理地址（实际地址）、偏移地址、段地址，写出它们之间的关系式。

5. 8086 与 8088CPU 的主要区别有哪些？

6. 8086 的复位信号是什么？8086 CPU 复位后，程序从哪个物理地址开始运行？

[参考答案]

一、计算题

1. 解：（1）49 = 0011 0000B

（2）73.8125 = 0100 1001.1101B

（3）79.75 = 0100 1111.11B

2. 解：（1）FAH=1111 1010B=250D

（2）5BH=0101 1011B=91D

（3）78A1H=0111 1000 1010 0001B=30881D

（4）FFFFH=1111 1111 1111 1111B=65535D

3. 解：（1）10110.101B=22.625

（2）10010010.001B=146.0625

（3）11010.1101B=26.8125

4. 解：a=1011B = 11, b=11001B = 25, c=100110B = 38

（1）a+b = 100100B = 36

（2）c − a − b = 10B = 2

（3）a·b = 100010011B = 275

（4）c/b = 1…1101B（ = 13）

5. 解：（1）+1010101B 原码 01010101B 补码 01010101B

（2）− 1010101B 原码 11010101B 补码 10101011B

（3）+1111111B 原码 01111111B 补码 01111111B

（4）− 1111111B 原码 11111111B 补码 10000001B

（5）+1000000B 原码 01000000B 补码 01000000B

（6）− 1000000B 原码 11000000B 补码 11000000B

6. 解：按补码表示，+ 87 = 0101 0111B；+ 73 = 0100 1001B；− 87 = 1010 1001B；− 73 = 1011 0111B

（1）87 − 73 = 0101 0111B − 0100 1001B = 1110B = 14

（2）87 + （ − 73 ） = 0101 0111B + 1011 0111B

= [1]0000 1110B=14（舍去进位）

（3）87 − （ − 73 ） = 0101 0111B − 1011 0111B

= [− 1]1010 0000B = − 96（溢出）

（4）（ − 87 ） + 73 = 1010 1001B + 0100 1001B

= 1111 0010B = − 14

（5）（ – 87 ） – 73 = 1010 1001B – 0100 1001B

　= [– 1]0110 0000B = 96（溢出）

（6）（ – 87 ） – （ – 73 ） = 1010 1001B – 1011 0111B

　= 1111 0010B = – 14

7. 解：（1）a=37H，b=57H；a+b=8EH；a – b=[– 1]E0H=-32

（2）a=0B7H，b=0D7H；a+b=[1]8EH= – 114；a – b=[– 1]E0H= – 32

（3）a=0F7H，b=0D7H；a+b=[1]CEH= – 50；a – b=20H=32

（4）a=37H，b=0C7H；a+b=FEH= – 2；a – b=[– 1]70H=112

8. 解：（1）将 38、42 表示成组合 BCD 码：38H、42H，然后按二进制进行运算，并根据运算过程中的 AF，CF 进行加 6/减 6 修正。38H + 42H = 7AH，低 4 位需要加 6 修正：7AH + 6 = 80H，所以有 38 + 42 = 80

（2）56H + 77H = CDH，高 4 位、低 4 位都应加 6 修正：CDH + 66H = [1]33H，因此有 56 + 77 = 133

（3）99H + 88H = [1]21H(AF=1)，高 4 位、低 4 位都应加 6 修正：1]21H+66H=[1]87H，因此 99+88=187

（4）34H + 69H=9DH，低 4 位需要加 6 修正：DH+6=A3H，修正结果使高 4 位超出 9，这时再对高 4 位进行加 6 修正:A3H+60H=[1]03H，因此 34+69=103

（5）38H – 42H=[– 1]F6H，因 CF=1(有借位), 高 4 位应减 6 修正:: – 1]F6H-60H=[– 1]96H，指令的借位应表示成 100 的补码，因此 38 – 42=96 – 100= – 4

（6）77H – 56H=21H，不需要修正，因此 77 – 56=21

（7）15H – 76H=[– 1]9FH，高 4 位、低 4 位都应减 6 修正:[– 1]9FH – 66H=[– 1]39H，因此 15 – 76=39 – 100= – 61

（8）89H – 23H=66H，不需要修正，因此 89 – 23=66

9. 解：字符串的 ASCII 码（用十六进制数表示）为

（1）48，65，6C，6C，6F

（2）31，32，33，0D，34，35，36

（3）41，53，43，49，49

（4）54，68，65，20，6E，75，6D，62，65，72，20，69，73，20，32，33，31，35

二、简答题

1. 微型计算机系统由硬件和软件两大部分组成。硬件又可细分为主机（由 CPU、存储器、控制电路、接口等构成），输入设备（如键盘）和输出设备（如显示器）；软件可细分为系统软件（如操作系统）和应用软件。

2. CPU（Central Processing Unit 中央处理单元）是计算机的核心部件，它包括控制器和算术逻辑运算部件等。Intel 微处理器的家族成员有：8088/8086、80186、80286、80386、80486、Pentium(80586)、Pentium Ⅱ、Pentium Ⅲ 和 Pentium Ⅳ。

3. IP: 指令指针寄存器，指出下一条要执行指令的地址。

　　SP: 堆栈指针寄存器，记录堆栈栈顶地址。

　　BP :基址指针寄存器，一般存放于堆栈的偏移地址。

4. 物理地址：唯一代表存储器的空间中每个字节单元的地址。

偏移地址：指端内相对段起始的偏移量（字节数）。

段地址：取段的起始地址的高 16 位。

5. 8086 有 6 个字节指令队列，而 8088 有 4 个；

8086 地址/数据线 16 条 $AD_{15}\sim AD_0$，8088 有 8 条 $AD_7\sim AD_0$；

8086 有 $\overline{BHE}/S7$，8088 有 $\overline{SS_0}$；

8086 存储器，IO 选择是 $M/\overline{IO}$，而 8088 是 $IO/\overline{M}$；

6. 复位信号是 RESET，为高电平有效。8086 复位后 CS=0FFFFH，其余寄存器为 0，程序从 0FFFFH 地址开始运行。

5.2　8086 指令系统与汇编语言

一、选择题

1. 在下列伪指令中定义字节变量的是（　　）。

A. DB　　　　　B. DW　　　C. DD　　　D. DT

2. 下面正确的指令是（　　）。

A. PUSH CS　　　　　　　B. POP　IP

C. LOOP:MOV BX,5678H　　D. MOV CL,256

3. 在 8086 指令系统中（　　）方式的指令执行速度最快。

A. 立即数寻址　　　　　　　B. 寄存器寻址　　C. 直接寻址

4. 8086 的内存空间和 I/O 空间是（　　）。

A. 单独编址的，分别是 1MB 和 64KB

B. 单独编址的，都是 1MB

C. 统一编址的，都是 64KB

D. 统一编址的，都是 1MB

5. 如果在数据段中有如下定义：

X　　DB　80H，81H

Y　　DB　82H

则，执行指令 MOV　AX，WORD PTR[X+1]后，AX 的值为（　　）。

A. 0081H　　　B. 8281H　　　C. 182H　　　　D. 0082H

6. 执行下列 3 指令后：

```
MOV SP, 1000H
PUSH AX
CALL BX
```

A.（CSP）= 1000H　B.（CSP）= 0FFEH

C.（CSP）= 1004H　D.（CSP）= 0FFCH

7. 要检查寄存器 AL 中的内容是否与 AH 相同，应使用的指令为（　　）。

A. AND AL, AH　　　　　　B. OR AL, AH

C. XOR AL, AH　　　　　　D. SBB AL, AH

8. 指令 JMP NEAR PTR L1 与 CALL L1（L1 为标号）的区别在于（　　）。

A. 寻址方式不同　　　B. 是否保存 IP 的内容

C. 目的地址不同　　　D. 对标志位的影响不同

二、填空题

1. 8086 的中断系统采用"向量中断"方式，每个中断源有一个中断类型号，CPU 根据中断类型号从中断向量表中查找中断向量（中断入口地址），中断向量表位于内存_____到_____，11H 号中断的中断向量放在_____地址开始的连续 4 个单元中，若该 4 个单元（地址从低到高）中的数据分别是 20H、30H、40H、50H，则该中断源对应的中断向量的段地址是_____，偏移地址是_____。中断响应过程中保护断点的含义是：将_____和_____的内容放入堆栈，在转到中断服务程序之前，系统自动将_____和_____清零。由中断服务程序返回到主程序所用的指令是_____。

2. 8086 CPU 有_____条地址总线，可形成_____的存贮器地址空间，可寻址范围为_____；8086CPU 按照功能分为_____和_____两部分，其中 SS 为_____寄存器，IP 为_____寄存器，功能是_____；当系统复位以后，CS 等于_____，IP 等于_____。

三、综合题

1. 写出完成下列要求的变量定义语句：

（1）在变量 VAR1 中保存 6 个字变量：4512H，4512，－1，100/3，10H，65530

（2）在变量 VAR2 中保存字符串：′BYTE′，′WORD′，′WORD′

（3）在缓冲区 BUF1 中留出 100 个字节的存储空间

（4）在缓冲区 BUF2 中，保存 5 个字节的 55H，再保存 10 个字节的 240，并将这一过程重复 7 次

（5）在变量 VAR3 中保存缓冲区 BUF1 的长度

（6）在变量 POINTER 中保存变量 VAR1 和缓冲区 BUF1 的偏移地址

2. 指令正误判断，对正确指令写出源和目的操作数的寻址方式，对错误指令指出原因（设 VAR1, VAR2 为字变量, L1 为标号）：

（1）MOV SI，100　　　　　　　（2）MOV BX，VAR1[SI]

（3）MOV AX, [BX　　　　　　　（4）MOV AL, [DX]

（5）MOV BP, AL　　　　　　　（6）MOV VAR1, VAR2

（7）MOV CS, AX　　　　　　　（8）MOV DS, 0100H

（9）MOV [BX][SI],　　　　　　（10）MOV AX, VAR1+VAR2

（11）ADD AX, LENGTH VAR1　　（12）OR BL, TYPE VAR2

（13）SUB [DI], 78H　　　　　　（14）MOVS VAR1, VAR2

（15）PUSH 100H　　　　　　　（16）POP CS

（17）XCHG AX, ES　　　　　　（18）MOV DS, CS

（19）JMP L1+　　　　　　　　（20）DIV AX, 10

（21）SHL BL, 2　　　　　　　　（22）MOV AL, 15+23

（23）MUL CX　　　　　　　　（24）XCHG CL, [SI]

（25）ADC CS:[0100], AH　　　　（26）SBB VAR1－5,154

3. 写出下列转移指令的寻址方式（设 L1 为标号，VAR1 为字型变量，DVAR1 为双字型变量）：

（1）JMP　L1　　　　　　　　　（2）JMP NEAR L1

（3）JNZ　L1　　　　　　　　　（4）JMP BX

（5）JG L1   （6）JMP VAR1[SI]

（7）JMP FAR PTR L1   （8）JMP DVAR1

4. 执行下列指令后，DX 寄存器中的内容是多少？

```
TABLE DW 25, 36, -1, -16, 10000, 13
PYL DW 7
......
MOV BX, OFFSET TABLE
ADD BX, PYL
MOV DX, [BX]
......
```

5. 设已用伪指令 EQU 定义了 4 个标识符：

```
N1 EQU 2100
N2 EQU 10
N3 EQU 20000
N4 EQU 25000
```

下列指令是否正确？并说明原因。

（1）ADD AL，N1 - N2   （2）MOV AX，N3 + N4

（3）SUB BX，N4 - N3   （4）SUB AH，N4 - N3 - N1

（5）ADD AL，N2   （6）MOV AH，N2*N2

6. 写出完成下述功能的程序段：

（1）传送 40H 到 AL 寄存器

（2）将 AL 的内容乘以 2

（3）传送 16H 到 AH 寄存器

（4）AL 的内容加上 AH 的内容

计算最后结果（AL）= ?

7. 设（BX）= 11001011B，变量 VAR 的内容为 00110010B，求下列指令单独执行后 BX 的内容：

（1）XOR BX，VAR   （2）AND BX，VAR

（3）OR BX，VAR   （4）XOR BX，11110000B

（5）AND BX，00001111B   （6）TEST BX，1

8. 自 BUFFER 开始的缓冲区有 6 个字型的无符号数：10，0，20，15，38，236。试编制 8086 汇编语言程序，要求找出它们的最大值、最小值及平均值，分别送到 MAX、MIN 和 AVI 3 个字节型的内存单元。

9. 已知在 BUF 的起始处保存有 N 个字符的 ASCII 码，编写汇编语言程序实现，将这组字符串传送到缓冲区 BUFR 中，并且使字符串的顺序与原来的顺序相反。

10. 在缓冲区 VAR 中连续存放着 3 个 16 位的无符号数，编写程序实现将其按递增关系排列；如果 VAR 中保存的为有符号数，则再编写程序实现将其按递减关系排列。

11. 编写程序段实现将 AL 和 BL 中的每一位依次交叉，得到的 16 位字保存在 DX 中，例如 （AL）= 01100101B，（BL）= 11011010B，则得到的（DX）= 10110110 10011001B。

12. 已知在字变量 VAR1、VAR2 和 VAR3 中保存有 3 个相同的代码，但有一个错码，编写程序段找出这个错码，并将它送 AX，其地址送 SI；如果 3 个代码都相同，则在 AX 中置 - 1 标志。

13. 下列程序段执行后，求 BX 寄存器的内容：

```
MOV CL, 3
```

```
MOV BX, 0B7H
ROL BX, 1
ROR BX, CL
```

14. 设有 n(设为 17)个人围坐在圆桌周围，按顺时针给他们编号（1，2，…，n），从第 1 个人开始按顺时针方向加 1 报数，当报数到 m（设为 11）时，该人出列，余下的人继续进行，直到所有人出列为止。编写程序模拟这一过程，求出出列人的编号顺序。

15. 从键盘上读入一个正整数 N（0≤N≤65535），转换成十六进制数存入 AX，并在屏幕上显示出来。

16. 定义一条宏指令，实现将指定数据段的段地址传送到段寄存器 ES 或 DS 的功能。

17. 定义一条宏指令，实现从键盘中输入一个字符串（利用 INT 21H 的 09 号功能）。

18. 定义一条宏指令，实现在屏幕上显示出指定的字符串。

19. 分析下列程序段完成的功能：
```
MOV CX, 100
LEA SI, FIRST
LEA DI, SECOND
REP MOVSB
```

20. 分析下列程序段：
```
LEA DI, STRING
MOV CX, 200
CLD
MOV AL, 20H
REPZ SCASB
JNZ FOUND
JMP NOT_FOUND
```
问：转移到 FOUND 的条件。

21. 写出下列变量的内容：
```
VAR1 DB 125, 125/3, -1, -10H
VAR2 DW 125, 125/3, -1, -10H
VAR3 DB 'AB', 'CD'
VAR4 DW 'AB', 'CD'
```

22. 设有下列伪指令：
```
 START  DB 1, 2, 3, 4, 'ABCD'
 DB 3 DUP（?，1）
 BUF  DB 10 DUP（?），15
 L EQU BUF-START
```
求 L 的值。

23. 在缓冲区 DATABUF 中保存有一组无符号数据（8 位），其数据个数存放在 DATABUF 的第 1、2 个字节中，要求编写程序将数据按递增顺序排列。

24. 有一组数据(16 位进制数)存放在缓冲区 BUF1 中，数据个数保存在 BUF1 的头两个字节中。要求编写程序实现在缓冲区中查找某一数据，如果缓冲区中没有该数据，则将它插入到缓冲区的最后；如果缓冲区中有多个被查找的数据，则只保留第一个，将其余的删除。

25. 在缓冲区 DAT1 和 DAT2 中，存放着两组递增有序的 8 位二进制无符号数，其中前两个字节保存数组的长度，要求编程实现将它们合并成一组递增有序的数据 DAT，DAT 的前两个字节仍用于保存数组长度。

26. 有一首地址为 BUF 的字数组，试编写完整程序，求该数组正数之和，结果存于 TOTAL

单元中（假设正数之和<32767）。

27. 编写一个汇编语言程序，把 30 个字节的数组分成正数数组和负数数组，并分别计算两个数组中数据的个数。

28. 在 1000H 和 1064H 单元开始，放有各为 100 字节的组合后的 BCD 数（地址最低处放的是最低位字节），求它们的和，且把和放在 1100H 开始的单元中。

29. 在数据段中从 0500H 单元开始存放着 100 个带符号数(16 位)，要求把其中的正数传送至 1000H 开始的存储区，负数传送至 1100H 开始的存储区，且分别统计正数和负数的个数，并将正数和负数的个数分别存入 1200H 和 1201H 单元中。

[参考答案]

一、选择题

1. A   2. A   3. B   4. A   5. B   6. D   7. C   8. B

二、填空题

1. 00000H，003FFH，44H，5040H，3020H，CS，IP，IF，TF，IRET

2. 20，1M，0-FFFFFH，EU，BIU，堆栈段，指令指针，下一条指令的地址，FFFFH，0000H

三、综合题

1.（1）VAR1　DW　4512H，4512，–1，100/3，10H，65530

（2）VAR2　DB　'BYTE'，'WORD'，'WORD'

（3）BUF1　DB　100 DUP(?)

（4）BUF2　DB　7 DUP（5 DUP（55H），10 DUP（240））

（5）VAR3　DB LENGTH BUF1

（6）POINTER DW VAR1，VAR2

2.（1）MOV SI，100 ；指令正确，源：立即数寻址，目的：寄存器寻址

（2）MOV BX，VAR1[SI]；指令正确，源：寄存器相对寻址，目的：寄存器寻址

（3）MOV AX，[BX]；指令正确，源：寄存器间接寻址，目的：寄存器寻址

（4）MOV AL，[DX]；指令错误，DX 不能用作为地址寄存器

（5）MOV BP，AL　；指令错误，类型不一致

（6）MOV VAR1，VAR2 ；指令错误，MOV 指令不能从存储器到存储器传送

（7）MOV CS，AX ；指令错误，CS 不能用作为目的操作数

（8）MOV DS，0100H；指令错误，MOV 指令不能将立即数传送到段寄存器

（9）MOV [BX][SI]，1；指令错误，类型不定

（10）MOV AX，VAR1+VAR2；指令错误，MOV 指令中不能完成加法运算

（11）ADD AX，LENGTH VAR1 ；指令正确，源：立即数寻址，目的：寄存器寻址

（12）OR BL，TYPE VAR2；指令正确，源：立即数寻址，目的：寄存器寻址

（13）SUB [DI]，78H；指令错误，类型不定

（14）MOVS VAR1，VAR2；指令正确，源：隐含寻址，目的：隐含寻址

（15）PUSH 100H；指令错误，立即数不能直接压入堆栈

（16）POP CS ；指令错误，CS 不能用作为目的操作数

（17）XCHG AX，ES；指令错误，XCHG 指令中不能使用段寄存器

（18）MOV DS，CS；指令错误，MOV 指令不能从段寄存器到段寄存器

（19）JMP L1+5；指令正确，段内直接转移

（20）DIV AX, 10 ；指令错误，DIV 指令格式错误

（21）SHL BL, 2；指令错误，移位指令的移位数要么是 1，要么是 CL

（22）MOV AL, 15+23；指令正确，源：立即数寻址，目的：寄存器寻址

（23）MUL CX；指令正确，源：寄存器寻址，目的：隐含寻址

（24）XCHG CL, [SI]；指令正确，源：寄存器间接寻址，目的：寄存器寻址

（25）ADC CS:[0100], AH；指令正确，源：寄存器寻址，目的：直接寻址

（26）SBB VAR1 – 5,154；指令正确，源：立即数寻址，目的：直接寻址

3.（1）JMP　L1 ；段内直接寻址

（2）JMP NEAR L1 ；段内直接寻址

（3）JNZ　L1 ；段内相对寻址

（4）JMP BX；段内间接寻址

（5）JG　L1 ；段内相对寻址

（6）JMP VAR1[SI] ；段内间接寻址

（7）JMP　FAR PTR L1 ；段间直接寻址

（8）JMP DVAR1 ；段间间接寻址

4. DX 寄存器中的内容为 10FFH

5.（1）ADD AL, N1 – N2 ；指令错误，因为 N1 – N2 超出一个字节的范围

（2）MOV AX, N3 + N4 ；指令正确

（3）SUB BX, N4 – N3 ；指令正确

（4）SUB AH, N4 – N3 – N1 ；指令错误，因为 N4 – N3 – N1 超出一个字节的范围

（5）ADD AL, N2 ； 指令正确

（6）MOV AH, N2*N2 ；指令正确

6.（1）MOV　AL, 40H

（2）SHL AL, 1

（3）MOV AH, 16H

（4）ADD AL, AH

执行后（AL）= 96H

7.（1）XOR BX, VAR； 执行后（BX）= 00F9H

（2）AND BX, VAR； 执行后（BX）= 0002H

（3）OR BX, VAR； 执行后（BX）= 00FBH

（4）XOR BX, 11110000B；执行后（BX）= 003BH

（5）AND BX, 00001111B；执行后（BX）= 00C4H

（6）TEST BX, 1 ；执行后（BX）= 00CBH（不变）

8.

```
   DATA   SEGMENT
   BUFER  DB  10, 0, 20, 15, 38, 236
   MAX    DB  0
   MIN    DB  0
   AVI    DB  0
   DATA   ENDS
STACK  SEGMENT  PARA  STACK'STACK'
       DW    100 DUP (?)
STACK  ENDS
```

```
CODE    SEGMENT
    ASSUME  CS: CODE, DS: DATA, SS: STACK
    START   PROC    FAR
BEGIN: PUSH    DS
        MOV   AX, 0
        PUSH  AX
        MOV   AX, DATA
        MOV   DS, AX
        LEA   DI, BUFFER
        MOV   DX, 0  ; 使 DH=0, DL=0
        MOV   CX, 6
        MOV   AX, 0  ; 和清 0
        MOV   BH, 0  ; 最大值
        MOV   BL, 0FFH ;  最小值
LOP1:   CMP   BH, [DI]
        JA    NEXT1 ; 若高于转移
        MOV   BH, [DI]; 大值→BH
NEXT1:  CMP   BL, [DI] ;
        JB    NEXT2 ; 若低于转移
        MOV   BL, [DI]; 小值→BL
NEXT2:  MOV   DL, [DI]; 取一字节数据
        ADD   AX, DX    ;   累加和
        INC   DI
        LOOP  LOP1
        MOV   MAX, BH; 送大值
        MOV   MIN, BL; 送小值
        MOV   DL,  6
        DIV   DL,    ; 求平均值
        MOV   AVI,  AL; 送平均值
        RET
START   ENDP
CODE    ENDS
        END   BEGIN
```

9. 设要传送的字符串有 30 个。

```
N=30
STACK   SEGMENT STACK 'STACK'
        DW 100H DUP(?)
TOP  LABEL WORD
STACK ENDS
DATA SEGMENT
ASC1    DB 'abcdefghijklmnopqrstuvwxyz1234'
ASC2    DB 30 DUP(?)
DATA ENDS
CODE SEGMENT
ASSUME CS: CODE, DS: DATA, ES: DATA, SS: STACK
START:
    MOV AX, DATA
    MOV DS, AX
    MOV ES, AX
    MOV AX, STACK
    MOV SS, AX
    LEA SP, TOP
    MOV CX, N
    LEA SI, ASC1
    ADD SI, CX
    LEA DI, ASC2
```

```
L1:
  DEC SI
  MOV AL, [SI]
  MOV [DI], AL
  INC DI
  LOOP L1
  MOV AH, 4CH ; 返回 DOS
  MOV AL, 0
  INT 21H
CODE ENDS
```

10. 程序如下：

```
STACK  SEGMENT STACK 'STACK'
  DW 100H DUP(?)
TOP  LABEL WORD
STACK ENDS
DATA  SEGMENT
VAR  DW 2100, 1750, 2410
DATA  ENDS
CODE  SEGMENT
  ASSUME CS: CODE, DS: DATA, ES: DATA, SS: STACK
START:
  MOV AX, DATA
  MOV DS, AX
  MOV ES, AX
  MOV AX, STACK
  MOV SS, AX
  LEA SP, TOP
  MOV AX, VAR
  CMP AX, VAR+2
  JBE L1
  XCHG AX, VAR+2
L1:
  CMP AX, VAR+4
  JBE L2
  XCHG AX, VAR+4
L2:
  MOV VAR, AX
  MOV AX, VAR+2
  CMP AX, VAR+4
  JBE L3
  XCHG AX, VAR+4
  MOV VAR+2, AX
L3:
  MOV AH, 4CH ; 返回 DOS
  MOV AL, 0
  INT 21H
CODE   ENDS
  END START
```

如果 VAR 中保存的为有符号数，则只需将上述程序中的 3 条 JBE 指令改成 JLE 指令。

11.

```
XOR DX, DX
MOV CX, 8
L1:
SHL BL, 1
RCL DX, 1
SHL AL, 1
RCL DX, 1
LOOP L1
```

12. 假设字变量 VAR1、VAR2 和 VAR3 中至少有两个相等，程序段如下：

```
MOV AX, VAR1
CMP AX, VAR2
```

```
      JNZ L1
      CMP AX, VAR3
      JNZ L2
      MOV AX, -1
L1:
      CMP AX, VAR3
      JNZ L3
      MOV AX, VAR2
      LEA SI, VAR2
      JMP L4
L3:
      LEA SI,VAR1
      JMP L4
L2:
      MOV AX, VAR3
      LEA SI, VAR3
L4:
```

13.（BX）= C02DH

14. 提示：在 n 个字节变量中存入 1，每次报数时相当于加上该变量的内容；当报数到 m 时该人出列，相当于使变量内容为 0，其编号为其相当偏移地址，因此最好采用寄存器相当寻址方式。这样处理的好处是，继续报数时不必考虑已出列的人，只是他们对后续报数的影响是加 0，也就是说他已不起作用。

15. 提示：显示部分应调用显示子程序。

16. 定义的宏指令如下：

```
TRANSSEG MACRO  DATA
MOV AX, DATA
MOV DS, AX
MOV ES, AX
ENDM
```

17. 定义的宏指令如下：

```
INPUTSTR  MACRO BUF
LEA DX, BUF
MOV AH, 0AH
INT 21H
ENDM
```

18. 定义的宏指令如下：

```
DISPSTR  MACRO  BUF
LEA DX, BUF
MOV AH, 09
INT 21H
ENDM
```

19. 从缓冲区 FIRST 传送 100 个字节到 SECOND 缓冲区。

20. 在 STRING 缓冲区中，找到第一个非空格字符时转到 FOUND。

21. 按十六进制数依次写出各个变量的内容。

```
VAR1: 7D, 29, FF, F0
VAR2: 007D, 0029, FFFF, FFF0
VAR3: 41, 42, 43, 44
VAR4: 4142, 4344
```

按内存存储顺序给出：

```
7D, 29, FF, F0, 7D, 00, 29, 00, FF, FF, F0, FF, 41, 42, 43, 44, 42, 41, 44, 43。
```

22. 由 EQU 伪指令知，L 的值为 BUF 的偏移地址减去 START 的偏移地址，而变量 START 共占用 8 个字节，第 2 行定义的变量（无变量名）共占用 6 个字节，因此，L 的值为 8 + 6 = 14 = 0EH。

23. 这里采用双重循环实现数据的排序，这可使程序变得简单。

```
N=100    ; 设有100个数据
STACK  SEGMENT STACK 'STACK'
 DW 100H DUP(?)
TOP  LABEL WORD
STACK  ENDS
DATA  SEGMENT
DATABUF DW N
 DB N DUP(? )
DATA  ENDS
CODE  SEGMENT
 ASSUME CS:CODE,DS:DATA,ES:DATA,SS:STACK
START:
 MOV AX,DATA
 MOV DS,AX
 MOV ES,AX
 MOV AX,STACK
 MOV SS,AX
 LEA SP,TOP
; 取出随机数据
 MOV CX,DATABUF
 LEA SI,DATABUF+2
 MOV BL,23
 MOV AL,11
LP:
 MOV [SI],AL
 INC SI
 ADD AL,BL
 LOOP LP
; 数据排序
 MOV CX,DATABUF
 DEC CX
 LEA SI,DATABUF+2
 ADD SI,CX
LP1:
 PUSH CX
 PUSH SI
LP2:
 MOV AL,[SI]
 CMP AL,[SI-1]
 JAE NOXCHG
 XCHG AL,[SI-1]
 MOV [SI],AL
NOXCHG:
 DEC SI
 LOOP LP2
 POP SI
 POP CX
 LOOP LP1
; 数据排序结束
 MOV AH,4CH  ;返回 DOS
 MOV AL,0
 INT 21H
CODE  ENDS
 END START
```

24.
```
STACK  SEGMENT STACK 'STACK'
 DW 100H DUP(?)
TOP  LABEL WORD
STACK  ENDS
; 设缓冲区原有10个字，指定的数据为（NEW）=56AAH
```

```
      DATA  SEGMENT
      BUF DW 10
       DW 1000H,0025H,6730H,6758H,7344H,2023H,0025H,6745H,10A7H,0B612H
       DW 10 DUP(?)
      NEW  DW 56AAH
      DATA ENDS
      CODE  SEGMENT
       ASSUME CS:CODE,DS:DATA,ES:DATA,SS:STACK
      START:
       MOV AX,DATA
       MOV DS,AX
       MOV ES,AX
       MOV AX,STACK
       MOV SS,AX
       LEA SP,TOP  ; 搜索指定的数据
       MOV CX,BUF
       LEA SI,BUF+2
       MOV AX,NEW
      L1:
       CMP AX,[SI]
       JZ L2
       INC SI
       INC SI
       LOOP L1  ; 没有找到，则插入数据
       MOV [SI],AX
       INC BUF
       JMP OK  ; 找到后，在剩余部分搜索重复的数据
      L2:
       DEC CX
       INC SI
       INC SI
      L3:
       CMP AX,[SI]
       JZ L4
       INC SI
       INC SI
       LOOP L3  ; 找到一个重复数据，则删除它
       JMP OK
      L4:
       PUSH SI
       DEC CX
       PUSH CX
       MOV DI,SI
       INC SI
       INC SI
       CLD
       REP MOVSW
       DEC BUF
       POP CX
       POP SI
       JMP L3          ; 删除后，返回继续搜索重复的数据
      OK:
       MOV AH,4CH  ;返回 DOS
       MOV AL,0
       INT 21H
      CODE  ENDS
      END START
25.
STACK  SEGMENT STACK 'STACK'
DW 100H DUP(?)
TOP LABEL WORD
STACK ENDS
```

```
                ；设 DAT1 中有 10 个数据，DAT2 中有 13 个数据
DATA    SEGMENT
DAT1    DW  10
        DB  10H,25H,67H,68H,73H,83H,95H,0A8H,0C2H,0E6H
DAT2    DW  13
  DB  05,12H,26H,45H,58H,65H,67H,70H,76H,88H,92H,0CDH,0DEH
  DAT DW  ?
  DB  200 DUP(?)
DATA    ENDS
CODE SEGMENT
 ASSUME CS:CODE,DS:DATA,ES:DATA,SS:STACK
START:
 MOV AX,DATA
 MOV DS,AX
 MOV ES,AX
 MOV AX,STACK
 MOV SS,AX
 LEA SP,TOP
 MOV CX,DAT1
 MOV DX,DAT2
 MOV DAT,CX
 ADD DAT,DX
 LEA SI,DAT1+2
 LEA BX,DAT2+2
 LEA DI,DAT+2
 CLD
L1:
 MOV AL,[BX]
 INC BX
L2:
 CMP AL,[SI]
 JB  L3
 MOVSB   ；DAT1 区中的数据传送到 DAT 区
 DEC CX
 JZ L4
 JMP L2
L3:
 STOSB   ；DAT2 区中的数据传送到 DAT 区
 DEC DX
 JZ L5
 JMP L1
L4:
 MOV SI,BX
 DEC SI
 MOV CX,DX
L5:
 REP MOVSB
 MOV AH,4CH  ；返回 DOS
 MOV AL,0
 INT 21H
CODE ENDS
 END START
```

26.

```
DATA    SEGMENT
BUF     DW   XX, XX, XX, ……..
COUNT EQU  $-BUF
TOTAL   DW  ?
DATA    ENDS
CODE    SEGMENT
ASSUME  DS: DATA, CS: CODE
START:  MOV AX, DATA
```

```
        MOV DS, AX
        MOV BX, OFFSET BUF
        MOV CX, COUNT/2
        MOV AX, 0
LOP:    CMP [BX], 0
        JLE  NEXT
        ADD AX, [BX]
NEXT:   INC  BX
        INC BX
        LOOP LOP
        MOV TOTAL, AX
        MOV AH, 4CH
        INT 21H
CODE  ENDS
END   START
```

27.
```
DATA   SEGMENT
BUF    DB   X1, X2, X3, ……., XN
PBUF   DB   ?
PLEN   DB   ?
NBUF   DB   30 DUP(? )
NLEN  DB  ?
DATA  ENDS
CODE   SEGMENT
 ASSUME  CS: CODE, ,DS: DATA
START:  MOV  AX, DATA
        MOV  DS, AX
        MOV  BX, 0
        MOV  SI, OFFSET BUF
        MOV  DI, 0
        MOV  CX, 30
LOP:    MOV  AL, [SI]
        INC   SI
        CMP  AL, 0
        JGE  LOP1
        MOV  NBUF[BX], AL
        INC  BX
        JMP  NEXT
LOP1:   MOV  BUF[DI], AL
     INC  DI
NEXT:   LOOP LOP
        MOV  PLEN, DI
        MOV  NLEN, BX
              MOV AH, 4CH
        INT   21H
CODE  ENDS
  END    START
```

28.
```
DATA SEGMENT
ORG 1000H
STRING1 DB nn, nn, …
STRING2 DB nn, nn, …
COUNT EQU $ – STRI NG2
```

```
        RESUT DB 101 DUP ( )
        DATA ENDS
        STACK SEGMENT STACK
        DB 100 DUP(? )
        STACK ENDS
        CODE SEGMENT
        ASSUME CS: CODE, DS: DATA, SS: STACK
        BEGIN: MOV AX, DATA
        MOV DS, AX
        MOV CX, COUNT ; (100)
        LEA SI, STRING1 ; (1000H)
        XOR AX, AX
        AGAIN: MOV AL, [SI]
        ADC AL, [SI+64H]
        DAA
        MOV [SI+100H], AL
        INC SI
        LOOP AGAIN
        JNC END1
        MOV [SI+100H], 1
        END1: MOV AH, 4CH
        INT 21H
        CODE ENDS
        END BEGIN
```

29.
```
        DATA SEGMENT
        ORG 0500H
        N0 DW X1, X2, …, X100 ; 自定义100个带符号数
        COUNT EQU $－BUFFER/2
        N1 DW 1000H   ; 保存正数
        N2 DW 1100H   ; 保存负数
        N3 EQU 1200H ; 保存个数
        DATA ENDS
        CODE SEGMENT
        ASSUME CS: CODE, DS: DATA
        MAIN PROC
        START: MOV AX, DATA
        MOV DS, AX
        MOV CX, COUNT
        XOR DX,DX
        LEA SI,N0     ; 首地址→SI
        LEA BX,N1
        LEA DI,N2
        AGAIN: MOV AX, [SI]
        AND AX,AX
        JS NEXT1 ; 负转
        MOV [BX],AX
        INC DH
        INC BX
        INC BX
        JMP NEXT2
        NEXT1: MOV [DI],AX
        INC DI
        INC DI
        INC DL
        NEXT2: LOOP AGAIN ; 循环
```

```
MOV N3, DX ；N3←存正、负数个数
MOV AH, 4CH
INT 21H ；返回 DOS
MAIN ENDP
CODE ENDS
END START
```

5.3 微型计算机的输入/输出

一、填空题

1. 微处理器级总线经过总线形成电路之后形成了_____。

2. 三态逻辑电路输出信号的三个状态是：_____、_____和_____。

3. CPU 和总线控制逻辑中信号的时序是由_____信号控制的。

4. 欲使 8086CPU 工作在最小方式，引脚 MN/MX 应接_____。

5. RESET 信号是_____时产生的，至少要保持 4 个时钟周期的_____电平才有效，该信号结束后，CPU 内的 CS 为_____，IP 为_____，程序从_____地址开始执行。

6. 当 M/IO 引脚输出高电平时，说明 CPU 正在访问_____。

7. 8086 微处理器级总线经过总线控制电路,形成了系统三总线,它们是_____总线,_____总线和 _____总线。

8. 8086CPU 在读/写一个字节时，只需要使用 16 条数据线中的 8 条，在_____个总线周期内完成；在读写一个字时，自然要用到全部的 16 条数据线，只是当此字的地址是偶地址时，可在_____个总线周期内完成，而对奇地址字的访问则要在_____个总线周期内完成。

9. 8086 最小方式下，读总线周期和写总线周期相同之处是：在_____状态开始使 ALE 信号变为有效_____电平，并输出_____信号来确定是访问存储器还是访问 I/O 端口，同时送出 20 位有效地址，在状态的后部，ALE 信号变为_____电平，利用其下降沿将 20 位地址和 BHE 的状态锁存在地址锁存器中。相异之处是从_____ 状态开始的数据传送阶段。

二、选择题

1. 微机中的控制总线提供（　　　　）。

A. 数据信号流

B. 存储器和 I/O 设备的地址码

C. 所有存储器和 I/O 设备的时序信号

D. 所有存储器和 I/O 设备的控制信号

E. 来自存储器和 I/O 设备的响应信号

F. 上述各项

G. 上述 C，D 两项

H. 上述 C，D 和 E 三项

2. 微机中读/写控制信号的作用是（　　　　）。

A. 决定数据总线上数据流的方向

B. 控制存储器操作读/写的类型

C. 控制流入、流出存储器信息的方向

D. 控制流入、流出 I/O 端口信息的方向

E. 以上所有

三、问答题

1. 外部设备为什么要通过接口电路和主机系统相连？

2. 什么是端口？通常有哪几类端口？计算机对 I/O 端口编址时通常采用哪两种方法？在 8086 中，用哪种方法对 I/O 端口进行编址？

3. CPU 和外设之间的数据传送方式有哪几种？实际选择某种传输方式时，主要依据是什么？

4. 设一个接口的输入端口地址为 0100H，状态端口地址为 0104H，状态端口中第 5 位为 1，表示输入缓冲区中有一个字节准备好，可以输入。设计具体程序以实现查询方式输入。

5. 若有一个 CRT 终端，它的输入/输出数据的端口地址为 01H，状态端口的地址为 00H，其中 D7 为 TBE，若其为 1，则表示发送缓冲区空，CPU 可向它输出新的数据；D6 为 RDA，若其为 1，则表示输入数据有效，CPU 可以输入该有效数据。

（1）编写程序，从终端上输入 100 个字节的字符，送到自 BUFFER 开始的内存缓冲区中。

（2）若已经有一个能用查询方法从键盘输入一个字符放于累加器 A 中的子程序 GETCH，利用此子程序，完成本题（1）中提出的要求。

（3）编写程序，把内存中自 BLOCK 开始的 100 个字节的数据块，通过终端显示。

（4）编写程序，实现能从终端上输入一个字符，放入寄存器 CL。

（5）编写程序，实现把放入寄存器 CL 中的一个字符输出给终端。

6. 已知某输入设备的数据端口地址为 40H，状态端口地址为 41H，其中 D_0 位为"1"时，表示"READY"状态。试编程实现：

（1）采用查询方式从该设备输入 20 个 ASCII 码表示的十进制数，并求出这 20 个十进制数的累加和；

（2）将此累加和转换成 BCD 码，并存放到 NBCDH(百位数)和 NBCDL(存十位和个位数)单元中。

注：只要求写出程序的可执行部分，可以不写任何伪指令。

[参考答案]

一、填空题

1. 系统总线

2. 高电平，低电平，高阻态

3. CLK

4. +5V

5. 系统加电或 RESET 键，高，0FFFFH，0，0FFFF0H

6. 输入/输出端口

7. 地址总线，数据总线，控制总线

8. 1，1，2

9. T1，高，M/$\overline{\text{IO}}$，低，T2

二、选择题

1. H

2. E

三、问答题

1. 因为外部设备种类繁多，输入信息可能是数字量、模拟量或开关量，而且输入速度、电平、功率与 CPU 差距很大，所以，通常要通过接口电路与主机系统相连。

2. 端口是信息输入或输出的通路。在计算机中用地址来区分不同的端口。计算机对 I/O 口编址时通常采用两种方法：

（1）存储器映像的输入/输出方式

（2）端口寻址的输入/输出方式

在 8086 中采用端口寻址的输入/输出方式。

3. 数据传送方式有：

（1）查询传送方式

（2）中断传送方式

（3）DMA 方式

当外设的信息传送速度较低或要求实时处理时，采用中断方式；当外设速度与 CPU 相当时，采用查询传送方式；当要求传送速度快且是批量传送时，采用 DMA 方式。

4.
```
POL1: IN AL, 0104H
AND AL, 20H
JZ POL1
IN AL, 0100H
```

5.
```
（1）LEA BX, BUFFER
MOV CX,100
POL1: IN AL,00H
AND AL,40H
JE POL1
IN AL,01H
MOV [BX],AL
INC BX
LOOP POL1
（2）LEA BX, BUFFER
MOV CX,100
POL1: CALL GETCH
MOV [BX],AL
INC BX
LOOP POL1
（3）LEA BX, BLOCK
MOV CX,100
POL1: IN AL,00H
AND AL,80H
JE POL1
MOV AL, [BX]
OUT 01H,AL
INC BX
LOOP POL1
（4）POL1: IN AL,00H
AND AL,40H
JE POL1
IN AL,01H
MOV CL,AL
（5）POL1: IN AL,00H
AND AL,80H
JE POL1
MOV AL ,CL
```

```
        OUT 01H,AL
6.
        MOV CX, 20
        MOV BL, 0
INLOOP: IN     AL, 41H
        TEST   AL, 01H
        JZ         INLOOP
        IN     AL, 40H
        AND  AL, OFH          ; ASCII 十进制（BCD）
ADD BL,AL
        LOOP  INLOOP          ; 共输入 20 个
        MOV AL, BL            ; 累加和→AL
        MOV AH, 0
        MOV BL, 100
        DIV BL               ; AX÷BL→AL, 余数→AH
        MOV NBCDH, AL         ; 存百位数
        MOV AL, AH
        MOV AH, 0
        MOV BL, 10
        DIV  BL              ; 十位数→AL, 个位数→AH
        MOV CL, 4
        ROL AL, CL           ; AL 循环左移四位
        OR  AL, AH           ; 形成组合型 BCD 码
        MOV  NBCDL, AL       ; 存十位, 个位数
```

5.4　半导体存储器

一、填空题

1. 存储器按照使用的功能可以分为两大类：_____和_____。

2. 半导体存储器一般包括_____、_____、_____和_____。

3. 地址译码方式有两种，分别为_____和_____。

二、选择题

1. 用 512×1 位的 RAM 芯片组成 16K×8 位的存储器需要（　　）个 RAM 芯片。

A. 512　　　　B. 64　　　　C. 256　　　　D. 128

2. 下面的说法中，正确的是（　　）。

A. EPROM 是不能改写的

B. EPROM 是可改写的，所以也是一种读/写存储器

C. EPROM 只能改写一次

D. EPROM 是可改写的，但它不能作为读/写存储器

3. 已知 DRAM2118 芯片容量为 16K×1 位,若要组成 32K×8 位的存储器,则组成的芯片组数和每个芯片组的芯片数为（　　）。

A. 4 和 8　　　　B. 1 和 16　　　C. 4 和 16　　　　D. 2 和 8

4. 构成 8086 系统 32KB 的存储空间，选择存储器的最佳方案是（　　）。

A. 一片 32K×8bit　　　　B. 2 片 16K×8bit

C. 4 片 8K × 8bit   D. 8 片 4K × 8bit

5. 80X86 CPU 可以访问的 I/O 地址空间共有（   ），使用的地址信号线为（   ），CPU 执行 OUT 输出指令时，向相应的 I/O 接口芯片产生的有效控制信号是（   ）。

A1. 256

A2. $A_7 \sim A_0$

A3. /RD 低电平，/WR 三态，M/IO 低电平

B1. 1K

B2. $A_{15} \sim A_0$

B3. /RD 三态，/WR 低电平，M/IO 高电平

C1. 64K

C2. $A_{15} \sim A_1$

C3. /RD 低电平，/WR 高电平，M/IO 高电平

D1. 128K

D2. $A_{19} \sim A_0$

D3. /RD 高电平，/WR 低电平，M/IO 高电平

二、问答题

1. 某系统的存储器用 2K × 8 的 EPROM 组成，采用 74LS138 译码器输出作为片选信号，如图 5-1 所示。

（1）请确定每片存储器的地址；

（2）编程将 3#的 2KB 数据传送到 1#存储区域（要求完整程序）。

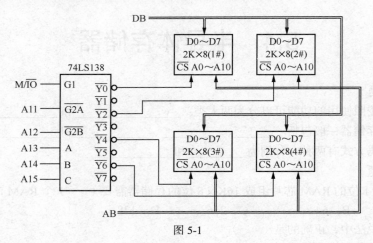

图 5-1

2. 用 2114 组成 1K × 8 位 RAM，需要多少片 2114？画出连线图。

3. 用 2114 组成 2K × 8 位 RAM，需要多少片 2114？画出连线图。

4. 在对存储芯片进行译码寻址时，如果只有部分高位地址参与，这种译码方法被称为部分译码。现有 EPROM 芯片 2732（4K × 8 位），以及 3-8 译码器 74LS138，各种门电路若干，要求在 8088CPU 上扩展容量为 16K × 8 EPROM 内存，要求采用部分译码，不使用高位地址线 A_{19}、A_{18}、A_{15}，选取其中连续、好用又不冲突的一组地址，要求首地址为 20000H。请回答：

（1）2732 的芯片地址线、数据线位数是多少？

（2）组成 16K × 8 需要 2732 芯片多少片？

（3）写出各芯片的地址范围。

（4）画出接线图。

5. 某 CPU 有地址线 16 根（A0~A15），数据线 8 根（D0~D7）及控制信号 RD、WR、MERQ（存储器选通）、IORQ（接口选通）。如图 5-2 所示，利用 RAM 芯片 2114（1K×4）扩展成 2K×8 的内存，请写出芯片组 1 和芯片组 2 的地址范围。

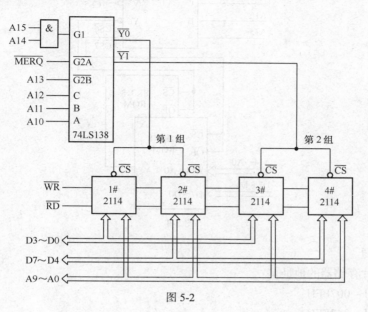

图 5-2

6. 参看图 5-3，说明 Intel2164 动态 RAM 的刷新过程。

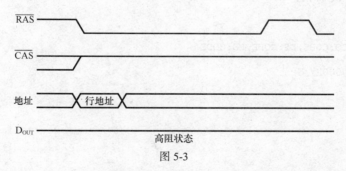

图 5-3

7. 在对存储器芯片进行片选时，全译码方式、部分译码方式和线选方式各有何特点？

8. 参看 IBM – PC/XT 的基本 ROM 图（见图 5-4），写出分配给 ROM 的地址。

[参考答案]

一、填空题

1. 随机存取存储器、只读存储器

2. 存储体、地址选择电路、输入输出电路和控制电路

3. 单译码方式和双译码方式

二、选择题

1. C　　2. D　　3. D　　4. C　　5. C1，B2，D3

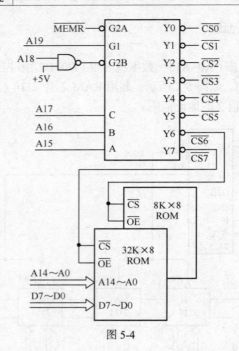

图 5-4

三、问答题

1.（1）各片存储器的地址是：

1#　00000H ~ 007FFH

2#　04000H ~ 047FFH

3#　08000H ~ 087FFH

4#　0C000H ~ 0C7FFH

（2）程序如下：

```
CODE SEGMENT
     ASSUME CS:CODE,DS:CODE,ES:CODE
START:CLD
     MOV AX,0000H
MOV DS,AX
MOV ES,AX
MOV SI,8000H
MOV DI,0000H
MOV CX,0800H
REP MOVSB
MOV AH,4CH
INT 21H
CODE ENDS
END START
```

2. 2 片 2114，如图 5-5 所示。

3. 4 片 2114，如图 5-6 所示。

4.（1）地址线 12 根，数据线 8 根；

（2）4 片；

（3）1#　20000H~20FFFH　　　2#　21000H~21FFFH

　　3#　22000H~22FFFH　　　4#　23000H~23FFFH

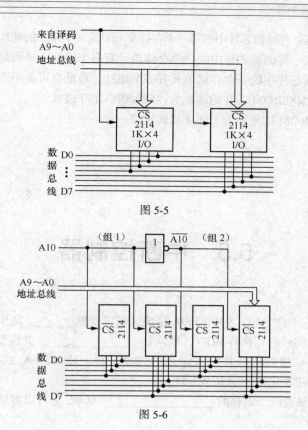

图 5-5

图 5-6

（4）

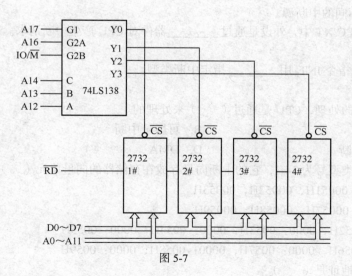

图 5-7

5. 第 1 组：C000H ~ C3FFH

第 2 组：C400H ~ C7FFH

6.（1）在刷新周期，是用只有行地址的方法，选中一行对它进行刷新。

（2）有效将行地址存入行地址锁存器，被这个地址选中的那一行中的所有单元都读出和重写，达到刷新的目的。

7.（1）全译码方式：存储器芯片中的每一个存储单元对应一个唯一的地址。译码需要的器件多。

（2）部分译码方式：存储器芯片中的一个存储单元有多个地址。译码简单。

（3）线选：存储器芯片中的一个存储单元有多个地址。地址有可能不连续。不需要译码。

8.（1）分配给 32K×8ROM 芯片的地址为：F8000H ~ FFFFFH

（2）分配给 8K×8ROM 的地址为下述 4 组地址之一：

F0000H ~ F1FFFH

F2000H ~ F3FFFH

F4000H ~ F5FFFH

F6000H ~ F7FFFH

5.5 中断控制器

一、填空题

1. 8259A 有_____个命令字，3 片 8259A 接成级联可管理_____级中断。

2. 中断处理程序完成后，执行 IRET，则恢复_____，并恢复_____。

3. 有两片 8259A 级联，从片接入主片的 IR2，则主片 8259A 的初始化命令字 ICW3 为_____，从片的初始化命令字 ICW3 为_____。

4. 8086 的中断向量表位于内存的_____ 区域，它可以容纳____个中断向量，每一个向量占_____个字节。

5. 单片 8259A 最多可以接入_____个不同的中断源，如果使用一个主片，3 个从片，则最多可以接入____个不同的中断源。

6. 在 IBM – PC/XT 中，外设是通过_____器件对 CPU 产生中断请求。这些中断的中断类型码为 08—OFH。

7. 8088 中的指令 INT$_n$ 用_____指定中断类型。

二、选择题

1. 对于掉电的处理，CPU 是通过（   ）来处理的。

A. 软件中断   B. 可屏蔽中断

C. 非屏蔽中断   D. DMA

2. 已知中断类型号为 14H，它的中断向量存放在存储器的向量单元（   ）中。

A. 00050H，00051H，00052H，00053H

B. 00056H，00057H，00058H，00059H

C. 0000：0052H，0000：0053H，0000：0054H，0000：0055H

D. 0000：0056H，0000：0057H，0000：0058H，0000：0059H

3. 中断向量地址是（   ）。

A. 子程序入口地址   B. 中断服务程序入口地址的指示器

C. 中断服务程序入口地址   D. 中断返回地址

4. 已知中断类型号为 28H，它的中断向量存放在存储器的向量单元（   ）中。

A. 00112H，00113H，00114H，00115H

B. 00056H，00057H，00058H，00059H

C.　0000：00A0H，0000：00A1H，0000：00A2H，0000：00A3H

D.　0000：0050H，0000：0051H，0000：0052H，0000：0053H

5.　来自 8086CPU 外部的中断申请送给 CPU，可以通过（　　）。

A.　只通过 INTR 引脚　　　　　　　B.　只通过 NMI 引脚

C.　以上两个引脚　　　　　　　　　D.　通过执行 INTN 指令

6.　如果有多个中断同时发生，系统将根据中断优先级响应优先级最高的中断请求。若要调整中断事件的响应次序，可以利用（　　）。

A.　中断响应　　　B.　中断屏蔽　　　C.　中断向量　　　D.　中断嵌套

7.　普通中断结束 EOI 命令适用于（　　）方式中的中断命令。

A.　完全嵌套　　　B.　自动循环　　　C.　特殊循环　　　D.　特殊屏蔽

三、问答题

1.　在中断响应过程中，8086CPU 向 8259A 发出的两个/INTA 信号分别起什么作用？

2.　简述可屏蔽中断的响应过程。

3.　8259A 的中断屏蔽寄存器 IMR 和 CPU 的中断允许标志 IF 的区别是什么？

4.　简述 8086CPU 引脚 NMI 和 INTR 的异同。

5.　中断向量表的功能是什么？简述 CPU 利用中断向量表转入中断服务程序的过程。

6.　用什么指令设置哪个标志位，就可以控制 CPU 是否接受 INTR 引脚中断请求？

7.　中断向量的类型码存放在 8259A 中断控制器的什么地方？若 8259A 的端口地址为 20H、21H，8 个类型码为 40H—47H，写出设置 ICW2 方法。

8.　设某外设中断源的矢量（类型）码为 61H，则其对应的中断矢量的地址指针为多少？该外设的中断请求应加到 8259A 中断请求寄存器的哪一个输入端？若中断服务程序入口地址为1020H:5000H，试编程将其入口地址分别送入对应的中断矢量表的相应 4 个字节内。

9.　已知：IRQ7 是中断服务程序首地址的标号，指出下列程序段功能，对应的中断类型码是多少？

```
PUSH DS
MOV  AX, 0000H
MOV  DS, AX
MOV  AX, OFFSET IRQ7
MOV  [003CH], AX
MOV  AX, SEG IRQ7
MOV  [003EH], AX
POP  DS
```

[参考答案]

一、填空题

1.　7，22

2.　断点地址，标志寄存器

3.　04H，02H

4.　00000H ~ 003FFH，256，4

5.　8，29

6.　8259

7.　n

二、选择题

1. C 2. A 3. C 4. C 5. C 6. B 7. A

三、问答题

1. CPU 发出的第一个/INTA 脉冲告诉外部电路，其提出的中断请求已经被响应，应准备将类型号发给 CPU，8259A 接到了这个/INTA 脉冲时，把中断的最高优先级请求置入 ISR 中，同时把 IRR 中的相应位复位。CPU 发出的第二个/INTA 脉冲告诉外部电路将中断的类型号放在数据总线上。

2. （1）标志寄存器入栈　　　（2）关中断　　　　（3）保留断点
（4）保护现场　　　　　　（5）给出中断入口，转入相应的中断服务程序
（6）恢复现场　　　　　　（7）开中断和返回

3. 中断允许标志 IF 用于确定是否允许或禁止可屏蔽中断。利用 IMR 可以对外设的中断请求分别地予以屏蔽。

4. INTR：可屏蔽中断，用于处理一般外部设备的中断，受中断允许标志 IF 控制，高电平有效。

NMI：非屏蔽中断，CPU 响应非屏蔽中断不受中断允许标志的影响，由上升沿触发，CPU 响应该中断过程与可屏蔽中断基本相同，区别仅是中断类型号不是从外部设备读取，固定是类型 2，NMI 中断优先级要高。

5. 8086CPU 最多可接受 256 个中断，每个中断对应一个中断类型号，并通过中断向量表存放在存储器开始的 1024 个单元，每 4 个单元为一组，用于存放一个向量。

当某个中断请求发生时，CPU 可得到该请求的中断类型号 N，CUP 从 4*N 处取出中断服务程序入口地址 16 位偏移地址，置入 IP，再从 4*N+2 处取出 16 位段地址，置入 CS，这样就完成了转去执行中断服务子程序的任务

6. 中断允许标志 IF 是控制可屏蔽中断的标志。若用 STI 指令将 IF 置 1，则表示允许 CPU 接受从 INTR 引脚发来的可屏蔽中断请求；当用 CLI 指令将 IF 清 0，则禁止 CPU 接受外部的可屏蔽中断请求信息。

7. 存放 ICW2 命令字中。
```
MOV AL, 40H
OUT 21H, AL
```

8. 中断矢量地址指针为：0000：61*4H=0000：0184H
中断请求信号应加在 8259 的 IR1 上。
参考程序：
```
PUSH DS
XOR AX, AX
MOV DS, AX
MOV AX, 5000H
MOV [0184H], AX
MOV AX, 1020H
MOV [0186H], AX
POP DS
```

9. 装入 IRQ7 中断服务程序入口地址，类型号为 0FH

5.6 定时器与并行接口

一、填空题

1. 8253 的方式二称为_____。

2. 8255A 把_____和_____分别称为 A 组和 B 组，可组成两个独立的并行接口。

3. 8253 有_____种工作模式，其中方式三又称为_____。

4. 一片 8255A 端口 A 有_____种工作方式，端口 B 有_____种工作方式。

二、选择题

1. 在 8253 中，若采用二进制计数，最大数为（ ）。

A. 10000H   B. 0FFFFH   C. 9999H   D. 65536

2. 8255 中的 PB 口支持（ ）。

A. 方式 0，1，2   B. 方式 0
C. 方式 0，1   D. 方式 1，2

3. 对 8255A 的 C 口执行按位置位/复位操作时，写入的端口地址是（ ）。

A. 端口 A   B. 端口 B   C. 端口 C   D. 控制端口

4. 在 8253 中，当计数初值为（ ）时，计数器的计数值最大。

A. 0FFFFH   B. 0000H   C. 9999H   D. 10000H

5. 8255 中的 A 口支持（ ）。

A. 方式 0，1，2   B. 方式 0
C. 方式 0，1   D. 方式 1，2

6. 8253 的工作方式共有（ ），共有（ ）个 I/O 地址。

A. 3 种，4   B. 4 种，5   C. 6 种，3   D. 6 种，4

7. 8255 有两种控制字，其中工作方式控制字一定（ ）。

A. 不等于 80H   B. 小于等于 80H   C. 大于等于 80H   D. 小于 80H

8. 8255A 工作于方式 1 输出方式，A 口/B 口与外设之间的控制状态联络信号是（ ）。

A. $\overline{STB}$ 与 IBF   B. IBF 与 $\overline{ACK}$
C. $\overline{OBF}$ 与 $\overline{ACK}$ D. $\overline{OBF}$ 与 $\overline{STB}$

9. 若每输入 n 个 CLK 脉冲，在 OUT 端就可输出一个宽度为一个 CLK 周期的负脉冲，则 8253 应工作于方式（ ）。

A. 0   B. 1   C. 2   D. 3

三、问答题

1. 有如下接口原理图，如图 5-8 所示。要求计数器 0 工作在方式 1，初值 N0=100，二进制计数；计数器 1，工作在方式 3，初值 N1=1000，BCD 码计数。要求：（1）写出 8253 的端口地址。（2）写出计数器 0 和计数器 1 的工作方式控制字，并写出初始化程序。

2. 某个 8253 的计数器 0、1、2 端口和控制端口地址依次是 40H～43H，设置其中计数器 0 为方式 0，采用二进制计数，计数初值为 1000，先低后高写入计数值；并在计数过程中读取计数器 0 的计数值，写出方式控制字和初始化程序。

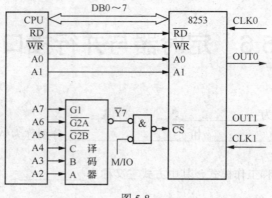

图 5-8

3. 有如下接口原理图，如图 5-9 所示。已知计数器 0~2 和控制端口的地址为 40H~43H，要求发光二极管 L0 亮 10 秒后就熄灭；L1 亮 1 秒熄灭 1 秒交替进行。要求：（1）写出每个计数器的计数初值。（2）写出每个计数器的工作方式。（3）写出 8253 初始化程序。（计数器采用二进制计数。）

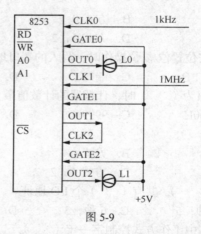

图 5-9

4. 有如下接口原理图，如图 5-10 所示。要求发光二极管 L0 亮 4 秒后就熄灭；L2 亮 1 秒熄灭 1 秒交替进行。根据原理图，写出各个端口的地址，并编写计数器 0 和计数器 2 的初始化程序片段，计数器初值采用 BCD 码计数（段定义语句可以省略）。

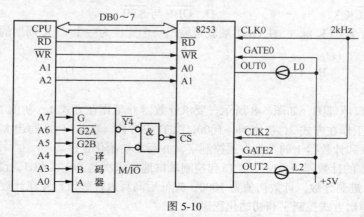

图 5-10

5. 8086 系统中接口连接关系如图 5-11 所示。要求：

（1）试分别确定 8255，8253，8259 的端口地址。

（2）8253 初始化编程：要求计数器 0 工作在方式 1，初值为 200，二进制计数；计数器 1，工作在方式 3，初值为 900，BCD 码计数（段定义语句可以省略）。

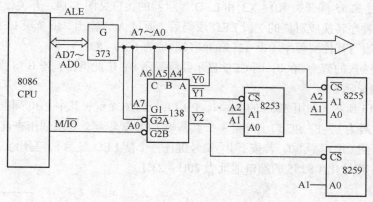

图 5-11

6. 织布机控制系统如图 5-12 所示，已知织布机每织 1 米发出一个正脉冲，每织 200 米要求接收一正脉冲，从而触发剪裁设备把布剪开。若 8253 的端口地址为 40H ~ 43H，编写对 8253 初始化程序段。

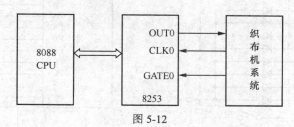

图 5-12

7. 查询方式打印机接口如图 5-13 所示，图中的 8255A 的 A 口作为输出打印数据口，工作于方式 0，PC7 引脚作为打印机的数据选通信号 STB，由它产生一个负脉冲，将数据线 D7 ~ D0 上的数据送入打印机，PC2 引脚接收打印机的忙状态信号，当打印机在打印某字符时，忙状态信号 BUSY 为 1，此时，CPU 不能向 8255A 输出数据，要等待 BUSY 信号为低电平无效时，CPU 才能再次输出数据到 8255A。现要求打印的字符存于缓冲区 BUF 中，共有 500 个字符，设 8255A 的端口地址为 80H ~ 83H。利用查询 BUSY 信号，编写 CPU 与打印机之间数据交换的程序段（包括 8255A 初始化）。

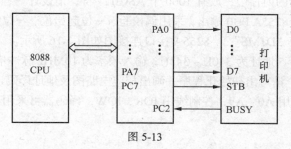

图 5-13

8. 欲使用 8253 的计数通道产生周期为 1ms 的连续脉冲，设 8253 的 CLK 脉冲为 5MHz，端口地址为 10H ~ 13H，试求：

（1）计算计数通道 1 的计数初值。

（2）写出对 8253 计数通道 1 的初始化程序。

9. CPU 通过 8255 同开关 K0 ~ K3 和 LED 显示器的接口见图 5-14，开关设置的二进制信息由 B 口输入，经程序转换成对应的 7 段 LED 段码后，通过 A 口输出，由 7 段 LED 显示开关二进制的状态值，试编写其控制程序（设 8255 的端口地址为 80H ~ 83H）。

注：若 B 口读入的值为 0000，则 LED 显示器将显示 0；依此类推，若 B 口读入的值为 1111，则 LED 显示器将显示 F。

10. 如图 5-15 所示，利用 8255 的 PA 口、PB 口外接 16 个键，其中 PB0 列上的键号为 0 ~ 7，而 PB1 列上的键号为 0 ~ F。PC 口上外接一个共阴极 LED 显示器。要求利用查询法完成：若按下 0 ~ 7 号键任一个使 LED 显示 0，若按下 8 ~ F 号键任一个使 LED 显示 8。写出实现上述功能的程序段，包括 8255 初始化（8255 的端口地址为 20H ~ 23H）。

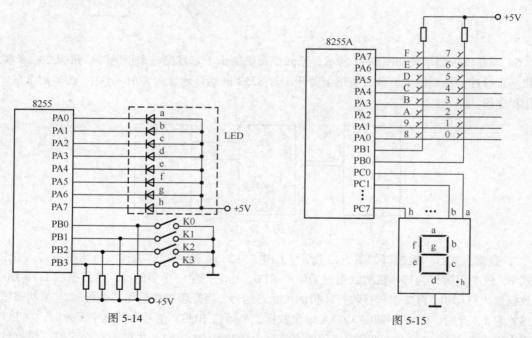

图 5-14   图 5-15

11. 设 8253 计数/定时接口电路中，其接口地址为 40H ~ 43H，将 2MHz 的信号源接入 CLK0，若利用通道 0 产生 2ms 的定时中断，请计算计数初值并写出 8253 初始化程序段（按二进制计数）。

12. 在 1000H 开始的内存中，放有 1000 个 ASCII 字符，请设计一程序，将这串 ASCII 字符以异步串行通信方式从 8255A PB0 输出，采用偶校验、一位起始位、一位终止位、波特率 500（可调用 1ms 软件定时程序"D1MS"）。8255A 接口连接图如图 5-16 所示。

13. 某系统中 8253-5 地址为 340H ~ 343H，输入频率为 10MHz 脉冲信号，输出为 1Hz，占空比为 1∶1 的脉冲信号，请写出初始化程序并画出相应电路图及地址译码连接图。

提示：地址总线只用 A0 ~ A9，控制线用 IOR、IOW，译码器可采用逻辑电路与 LS138 译码器的组合。

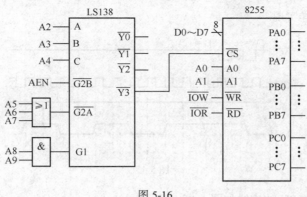

图 5-16

14. 某系统中 8253 占用地址为 100H ~ 103H。初始化程序如下：

```
MOV  DX,  103H
MOV  AL,  16H
OUT  DX,  AL
SUB  DX,  3
OUT  DX,  AL
```

试问：（1）此段程序是给 8253 的哪一个计数器初始化？安排工作在哪种工作方式？

（2）若该计数器的输入脉冲的频率为 1MHz，则其输出脉冲的频率为多少？

15. 已知某 8255A 在系统中占用 88 ~ 8BH 号端口地址，现欲安排其 PA，PB，PC 口全部为输出，PA，PB 口均工作于方式 0 模式，并将 PC6 置位，使 PC3 复位，试编写出相应的初始化程序。

16. 源程序如下：

```
MOV  DX,  143H
MOV  AL,  77H
OUT  DX,  AL
MOV  AX,  0
DEC  DX
DEC  DX
OUT  DX,  AL
MOV  AL,  AH
OUT  DX,  AL
```

设 8253 的端口地址为 140H ~ 143H，问：

（1）程序是对 8253 的哪个通道进行初始化？

（2）该通道的计数常数为多少？

（3）若该通道时钟脉冲 CLK 的周期为 1μs，则输出脉冲 OUT 的周期为多少 μs？

17. 设 8255 的端口地址为 200H ~ 203H。

（1）要求 PA 口方式 1，输入；PB 口方式 0 输出；PC7 ~ PC6 为输入；PC1 ~ PC0 为输出。试写出 8255 的初始化程序。

（2）程序要求当 PC7=0 时置位 PC1，而当 PC6=1 时复位 PC0，试编制相应的程序。

18. 参看 8253 方式 3 的波形图（见图 5-17），简述其工作过程。

19. 如果 CPU 通过 8255A 端口 C 的某一条线向外部输出连续的方波信号，请：

（1）说出两种实现方法。

（2）具体说明怎样实现。

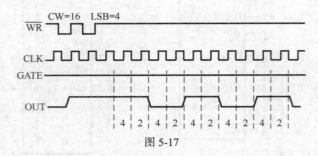

图 5-17

20. 8253 与 8088CPU 的连线如图 5-18 所示。

（1）写出 8253 的 0#、1#、2#计数器及控制寄存器的地址，8088 未用的地址线均设为 0。

（2）设 8253 的 0#计数器作为十进制计数器用，其输入计数脉冲频率为 100kHz，要求 0#计数器输出频率为 1kHz 的方波，试写出设置 8253 工作方式及计数初值的有关指令。

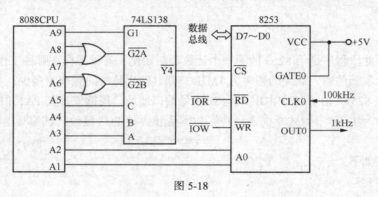

图 5-18

21. 接口电路如图 5-19 所示，用 8255 驱动 8 个发光二极管亮或灭，用 8253 作为定时器，输入 CLK0 的频率为 1kHz，OUT0 输出频率为 1Hz 的方波，开关 K 作为功能切换。按下面要求编写 8255 和 8253 的初始化程序和功能程序。

要求是：开关 K 打到位置 1 时

（1）在第 1 秒内 8 个发光二极管全亮。

（2）在第 2 秒内低位 4 个发光二极管全亮，高位 4 个发光二极管全灭。

（3）在第 3 秒内低位 4 个发光二极管全灭，高位 4 个发光二极管全亮。

（4）依次连续循环。

（5）开关 K 打到位置 2 时，上述过程结束，开关 K 再打到位置 1 时，又开始上述循环过程。8255 的端口地址为 60H～63H

8253 的端口地址为 70H～73H。

22. 用 8255A 的 A 口和 B 口控制发光二极管的亮与灭。控制开关 K0～K1 打开则对应发光二极管 L0～L1 亮，开关闭合则对应发光二极管不亮。编写 8255A 的初始化程序和这段控制程序，写出程序注释。8255 端口地址合理假设。

23. 假设定时器/计数器 8253，外部提供一个时钟，其频率 $f=2\text{MHz}$，若要提供 2 分钟的定时信号，需要 8253 几个通道？为什么？（简要分析与计算，不必编程）

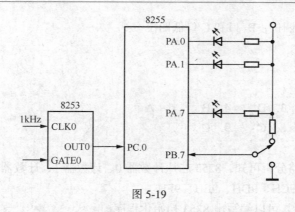

图 5-19

24. 一个微机系统中包含以下器件：微处理器 8088 一片，并行接口 8255A 一片（设备号：A 口—40H，B 口—41H，C 口—42H，控制口—43H），定时器 8253 一片（设备号：计数器 0—50H，计数器 1—51H，计数器 2—52H，控制口—53H），中断控制器 8259A 一片（设备号：A0H，A1H）。现将 8255 的 A 口连接一输入设备，工作在 0 方式。B 口连接一输出设备，也工作在 0 方式。PC4 作为输出设备的选通输出端且低电平有效。8253 计数器 0 工作于 "模式 0"，计数常数为 80H，进行二进制计数。8259A 的 ICW2 给定为 60H，工作于电平触发方式，全嵌套中断优先级，数据总线无缓冲，采用中断自动结束方式。请填充下面程序中的空白项（注意：控制字中可 0 可 1 位选 0，8255 未用端口设成输入方式）。

```
MOV  AL, _____         ; 8255 初始化
OUT  _____ , AL        ;
MOV  AL, _____         ; 8253 初始化
OUT  _____ , AL        ;
MOV  AL, _____         ; 设 8253 计数初值
OUT  _____ , AL        ;
MOV  AL, _____         ;
OUT  _____ , AL        ;
MOV  AL, _____         ; 8259A 初始化
OUT  _____ , AL        ;
MOV  AL, _____         ;
OUT  _____ , AL        ;
MOV  AL, _____         ;
OUT  _____ , AL        ;
IN   AL, _____         ; 从 8255 的 A 口读入数据
PUSH AX                ;
MOV  AL, _____         ; 用按位置位/复位方式使选通无效
OUT  _____ , AL        ;
POP  AX                ;
OUT  _____ , AL        ; 往 B 口输出数据
MOV  AL, _____         ; 用按位置位/复位方式使选通有效
OUT  _____ , AL        ; 撤销选通信号
MOV  AL , _____        ;
OUT  _____ , AL
```

此时，对应 8259A 的 IR1 中断类型号是 _____；

中断向量存放在内存 0 段_____，_____，_____，_____单元中。

[参考答案]

一、填空题

1. 速率发生器

2．A 口和 C 口高四位，B 口和 C 口低四位

3．6，方波发生器

4．3，2

二、选择题

1．D   2．C   3．D   4．B   5．A

6．D   7．C   8．C   9．C

三、问答题

1．（1）由译码电路分析可知，8253 芯片计数器 0、计数器 1、计数器 2 及控制端口的地址分别为 8253 地址分别为 9CH、9DH、9EH、9FH。

（2）根据以上分析，可以编写出 8253 初始化程序。

工作方式控制字：

计数器 0   CW0=12H   计数器 1   CW1=77H

初始化程序：

```
MOV AL,12H
 OUT 9FH, AL
MOV AL, 77H
OUT 9FH, AL
MOV AL, 100
OUT 9CH, AL
MOV AX ,1000
OUT 9DH, AL
MOV AL, AH
 OUT 9DH, AL
```

2．（1）方式控制字：   00110000B = 30H

（2）锁存控制字：   00000000B=00H

（3）初始化程序：

```
MOV AL,30H
OUT 43H,AL
MOV AX,1000
OUT 40H,AL
MOV AL,AH
OUT 40H,AL
MOV AL,00H
OUT 43H,AL
IN AL,40H
MOV CL,AL
IN AL,40H
MOV AH,AL
MOV AL,CL
```

3．（1）依据题意，三个计数器的初值分别为

N0=10000，N1=1000，N2=2000。

（只要满足 N1*N2=2000000 就为正确）。

（2）根据图及题目要求，8253 的计数器 0 应该工作在方式 0，计数器 1 应该工作在方式 2，计数器 2 应该工作在方式 3。

（3）根据以上分析，可以编写出 8253 初始化程序。

8253 初始化程序片段如下：

计数器 0 初始化程序

```
MOV AL,00110000B
 OUT 43H, AL
MOV AX, 10000
OUT 40H, AL
 MOV AL, AH
 OUT 40H, AL
```

计数器 1 初始化程序

```
MOV AL, 01110100B
OUT 43H, AL
MOV AX ,1000
OUT 41H, AL
MOV AL, AH
 OUT 41H, AL
```

计数器 2 初始化程序

```
MOV AL, 10110110B
 OUT 43H, AL
 MOV AX ,2000
OUT 42H, AL
MOV AL, AH
OUT 42H, AL
```

4．由译码电路分析可知，8253 芯片计数器 1、计数器 2、计数器 3 及控制端口的地址分别为 90H，92H，94H，96H。

根据接口图及题目要求，8253 的计数器 0 应该工作在方式 0，计数初值 $N0 = 8000$；计数器 2 应工作在方式 3，$N2=4000$。

根据以上分析，可以编写出 8253 初始化程序。

8253 初始化程序片段如下：

初始化计数器 0

```
MOV AL, 31H
OUT 96H, AL
MOV AX,8000H
OUT 90H,AL
MOV AL, AH
OUT 90H, AL
```

初始化计数器 2

```
MOV AL, 0B7H
OUT 96H, AL
MOV AX,4000H
OUT 94H,AL
MOV AL, AH
OUT 94H, AL
```

5．（1）8255 的端口地址为 80H，82H，84H，86H

8253 的端口地址为 90H，92H，94H，96H

8259 的端口地址为 0A0H，0A2H 或 0A4H，0A6H

（2）初始化程序：

```
MOV AL,12H
OUT 96H,AL
MOV AL,77H
OUT 96H,AL
MOV AL,200
```

```
        OUT  90H,AL
        MOV  AX,900
        OUT  92H,AL
        MOV  AL,AH
        OUT  92H,AL
```

6.

```
        MOV  AL, 00010100B
        OUT  43H, AL
        MOV  AL, 200
        OUT  40H, AL
```

7.

```
BUF  DB  'XXXXXXX…….. '
        …………………………
        MOV  AL, 81H
        OUT  83H, AL
        MOV  AL, 0FH
        OUT  83H, AL
        MOV  CX, 500
        MOV  SI,  OFFSET  BUF
LOP: IN  AL,  82H
        TEST AL, 04H
        JNZ LOP
        MOV  AL, [SI]
        OUT  80H, AL
        MOV  AL , 0EH
        OUT  83H, AL
        MOV  AL, 0FH
        OUT  83H, AL
        INC  SI
        LOOP LOP
```

8.（1）$N=F \times T=5 \times 10^{6} \times 10^{-3}=5000$

（2）

```
        MOV  AL, 76H
        OUT  13H, AL
        MOV  AX, 5000
        OUT  11H, AL
        MOV  AL, AH
        OUT  1H, AL
```

9.

```
SEGCODE  DB  0C0H, 0F9H, A4H, B0H, …, 8EH
        …………
        MOV  AL, 10000010B
        OUT  83H, AL
LOP: IN   AL, 81H
        AND  AL, 0FH
        MOV  BX, OFFSET  SEGCODE
        XLAT
        OUT  80H, AL
        JMP  LOP
```

10.

```
        MOV  AL, 10000010B(82H)
        OUT  23H, AL    ; 8255 初始化
```

```
    MOV  AL, 0
    OUT  20H, AL      ; PA 口送全 0
LOP: IN  AL, 21H
    AND  AL, 03H
    CMP  AL, 03H
    JZ  LOP              ; 读 B 口，判是否有键按下
    SHR  AL, 1
    JNC  NIXT            ; PB0=0，显示 0
    MOV  AL, 7FH
    OUT  22H, AL      ; PB1=0，显示 8
    HLT
NEXT: MOV  AL, 3FH
    OUT  22H, AL
    HLT
```

11.（1）计数初值=2ms*2MHz=4000

（2）
```
    MOV  AL, 36H/34H
    OUT  43H, AL      ; 方式控制字
    MOV  AX, 4000
    OUT  40H, AL
    MOV  AL, AH
    OUT  40H, AL      ; 送计数值
```

12. 程序如下：

```
    MOV SI , 1000H
    MOV CX , 1000
    MOV DX , 30FH ;
    MOV AL , 10000000B ;
    OUT DX, AL ;
    MOV DX, 30DH
    MOV AL , 0FFH ;
    OUT DX , AL
    CALL D1MS
    CALL D1MS
L1: MOV BL , 8
    MOV AL , 0
    OUT DX , AL
    CALL D1MS
    CALL D1MS
    MOV AL , [SI]
    AND AL , AL
    JP L2
    OR AL , 80H
L2: OUT DX , AL
    CALL D1MS
    CALL D1MS
    ROR AL, 1
    DEC BL
    JNZ L2
    MOV AL , 0FFH
    OUT DX , AL
    CALL D1MS
    CALL D1MS
    INC SI
```

```
LOOP L1
HLT
```

13. 程序代码为：

```
MOV DX, 343H
MOV AL, 00110110B
OUT DX, AL
MOV AX, 10000
MOV DX, 340H
OUT DX, AL
MOV AL, AH
OUT DX, AL
MOV DX, 343H
MOV AL, 01110110B
OUT DX, AL
MOV DX, 341H
MOV AX, 1000
OUT DX, AL
MOV AL, AH
OUT DX, AL
```

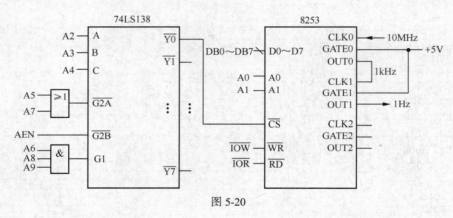

图 5-20

14. （1）计数器 0，工作于方式 3 （2）45.454kHz

15.

```
    MOV AL, 80H
    OUT 8BH, AL
    MOV AL, ODH
    OUT 8BH, AL
MOV AL, 06H
OUT 8BH, AL
```

16. （1）程序对 8253 的通道 1 进行初始化。

（2）计数常数为 10000D，BCD 计数。

（3）工作在方式 3，方波速率发生器

周期=10000×1μs=10000μs=10ms

17.

（1）
```
    MOV  DX, 203H
    MOV  AL, 10111000B
```

```
       OUT   DX,  AL
（2）   MOV   DX,  202H
       IN    AL,  DX
       MOV   AH,  AL
       TEST  AL,  80H
       JNZ   NEXT1
       MOV   DX,  203H
       MOV   AL,  00000011B  ; 对 PC1 置位
        OUT  DX,  AL
NEXT1: MOV  AL,  AH
       TEST AL,  40H
       JZ    NEXT2
       MOV  AL,  00000000B ;  对 PC0 复位
       MOV  DX,  203H
       OUT  DX,  AL
NEXT2: ………
```

18.（1）CUP 输出控制字 CW = 16H，指定它的工作方式。

（2）CPU 向它写入计数初值 LSB = 4。

（3）装入计数值后开始计数，一个 CLK 使计数值减 2。

（4）当计数到 0 时，使输出改变状态。同时重装这个计数值，开始新的计数。

19. 可用 2 种方法实现：

（1）8255A 工作于方式 O 时，端口 C 可以指定为输出。每隔 1/2 方波周期改变其中一位的状态，其他位不变。就可以通过端口 C 的某一条线输出连续的方波。

（2）用对端口 C 某一位置位/复位的方法实现。即每隔 1/2 方波周期时间，对端口 C 的某一位交替进行置位、复位，即可从端口 C 的某一条线输出连续的方波。

20. 地址：210H ~ 213H

控制字　00110111，　　N=100kHz/1kHz=100

```
MOV   AL,  37H
MOV   DX,  213H
OUT   DX,AL
MOV   DX,  210H
MOV   AL,  00H
OUT   DX,  AL
MOV   AL,  01H
OUT   DX,  AL
```

21. 8253 初始化程序段：

```
LED  DB  FFH,  05H,  03H
```

初始化 8253：

```
MOV   AL,00110110B   ; 初始化 8253
OUT   73H,AL
MOV   AX,03E8H
OUT   70H,AL
MOV   AL,AH
OUT   70H,AL
```

初始化 8255：

```
MOV   AL,10000011B   ; A 输出，B 输入，C 低四位输入
OUT   63H,AL
```

控制程序：

```
LP: LEA  BX,LED
    MOV  CX,3
T1: IN  AL,61H
TEST AL,80H
```

```
        JNZ  T1
DON:MOV AL,[BX]
OUT DX,AL
LOW:  IN AL,62H
      TEST AL,01H
      JNZ LOW
HIGH:IN AL,62H
      TEST AL,01H
      JZ  HIGH
      INC BX
      DEC CX
      JNZ DON
      JMP LP
```

22. 参考程序：

```
MOV AL, 10000010B ；设置 8255A 口方式 0 输出，B 口方式 0 输入
OUT 8255-CONTR, AL
DON: IN AL, 8255-B ；读入 B 口开关状态
XOR AL, 0FFH ；求反
OUT 8255-A, AL ；点亮对应发光二极管
JMP DON
HLT
```

23. 一个定时器最大定时时间

$T = n/f = 65536/2000000 = 0.037768s$，要定时 2 分钟，需要两个定时器。假设通道 0 定时为 0.02s，频率 $f_0 = 1/0.02 = 50Hz$，方式 3，将输出 OUT0 接到通道 1 的 CLK1 端，则通道 1 的计数初值为：$n_1 = f_{CLK1} = 50*2*60 = 6000$。

24.

```
MOV  AL,   91H      ; 8255 初始化
OUT   43H  , AL
MOV  AL,   30H      ; 8253 初始化
OUT   53H  , AL
MOV  AL,   80H      ; 设 8253 计数初值
OUT   50H  , AL     ;
MOV  AL,   00H      ;
OUT   50H  , AL     ;
MOV  AL,   1BH      ; 8259A 初始化
OUT   A0H  , AL     ;
MOV  AL,   60H      ;
OUT   A1H  , AL     ;
MOV  AL,   03H      ;
OUT   A1H  , AL     ;
IN    AL,   40H     ; 从 8255 的 A 口读入数据
PUSH  AX            ;
MOV  AL,   09H      ; 用按位置位/复位方式使选通无效
OUT   43H  , AL     ;
POP   AX            ;
OUT   41H  , AL     ; 往 B 口输出数据
MOV  AL,   08H      ; 用按位置位/复位方式使选通有效
OUT   43H  , AL     ;
MOV  AL ,  09H      ; 撤销选通信号
OUT   43H  , AL
```

此时，对应 8259A 的 IR1 中断类型号是 __61H__ ；

中断向量存放在内存 0 段 __184H__ ，__185H__ ，__186H__ ，__187H__ 单元中。

参考文献

[1] 杨立. 微机原理与接口技术[M]. 天津：天津大学出版社，2010.

[2] 陈燕俐，李爱群，周宁宁. 微型计算机原理与接口技术实验指导[M]. 北京：清华大学出版社，2010.

[3] 郭兰英，赵祥模. 微机原理与接口技术[M]. 北京：清华大学出版社，2006.

[4] 李恒文，张西学，张兆臣. PC 机汇编语言与接口技术[M]. 北京：中国科学技术出版社，2006.

[5] 周明德. 微型计算机系统原理及应用[M]. 北京：清华大学出版社，2007.

[6] 周明德. 微型计算机系统原理及应用习题解答与实验指导[M]. 北京：清华大学出版社，2007.

[7] 赵雪岩. 微型计算机原理与接口技术 [M]. 北京：清华大学出版社，2005.

[8] 李芷. 微机原理与接口技术 [M]. 北京：电子工业出版社，2007.

[9] 王克义，鲁守智，蔡建新等. 微机原理与接口技术教程[M]. 北京：北京大学出版社，2004.

[10] 凌志浩. 微机原理与接口技术[M]. 上海：华东理工大学出版社，2006.

[11] 周荷琴，吴秀清. 微型计算机原理与接口技术[M]. 合肥：中国科学技术大学出版社，2004.

[12] 吴宁，陈文革. 微型计算机原理与接口技术题解及实验指导[M]. 北京：清华大学出版社，2011.

[13] 冯博琴，吴宁. 微型计算机原理与接口技术[M]. 北京：清华大学出版社，2011.

[14] 宋廷强，陈为，马兴录. 32 位微机原理与接口技术实验指导[M]. 北京：化学工业出版社，2009.

[15] 卞静，吴筠，陈彪等. 微机原理与接口技术[M]. 北京：冶金工业出版社，2006.

[16] 卞静，陈曼娜，揭廷红. 微机原理与接口技术习题解析与实验指导 [M]. 北京：冶金工业出版社，2006.

[17] 余春暄等. 80x86 微机原理及接口技术——习题解答与实验指导[M]. 北京：机械工业出版社，2008.

[18] 吴叶兰，王坚，王小艺. 微机原理及接口技术[M]. 北京：机械工业出版社，2009.

[19] 王惠中. 微机原理及接口技术[M]. 北京：机械工业出版社，2008.

[20] 李继灿，谭浩强. 微机原理及接口技术[M]. 北京：清华大学出版社，2011.

[21] 张登攀. 微机原理及接口技术[M]. 北京：电子工业出版社，2011.

[22] 韩念杭，李干林，李升. 微机原理及接口技术实验指导书[M]. 北京：北京大学出版社，2010.

[23] 徐惠民，田辉，孙全等. 微机原理与接口技术:辅导及习题 [M]. 北京：高等教育出版社，2009.

[24] 蔡成涛，梁燕华，王立辉. 微机原理及应用技术[M]. 哈尔滨：哈尔滨工程大学出版社，2011.

21 世 纪 高 等 学 校 规 划 教 材

21st Century University
Planned Textbooks

微机原理与接口技术
实验教程

免费提供
PPT等教学相关资料

人民邮电出版社
教学服务与资源网
www.ptpedu.com.cn

教材服务热线：010-67170985
反馈/投稿/推荐信箱：315@ptpress.com.cn
人民邮电出版社教学服务与资源网：www.ptpedu.com.cn

ISBN 978-7-115-28450-1

9 787115 284501 >

ISBN 978-7-115-28450-1
定价：18.80 元

封面设计：董志桢